NÉCESSITÉ

DE S'OCCUPER

DE

LA PROSPÉRITÉ DE L'AGRICULTURE,

D'AUGMENTER

SES PRODUITS,

OBSTACLES QUI S'Y OPPOSENT,

MOYENS DE LES SURMONTER;

PAR

Le Comte Louis De Villeneuve,

CAPITAINE DE VAISSEAU,

PRÉSIDENT DU COMICE DE CASTRES (TARN.)

Honneur à la plus noble,
La plus utile des professions!

CASTRES,

IMPRIMERIE ET LITHOGRAPHIE DE VIDAL.

A Messieurs les Membres

DES

SOCIÉTÉS D'AGRICULTURE

ET DES

COMICES DU ROYAUME.

L'agriculture, abandonnée à elle-même, a cependant fait de grands progrès, et c'est à vos talens et à votre zèle qu'elle le doit.

Malheureusement ces progrès ne sont pas en raison des besoins de la France et de l'accroissement de sa population.

Que faut-il pour assurer sa prospérité?

Il faut que les substances et la population augmentent dans la même proportion, sans cela l'existence de la France serait compromise dans l'avenir.

Il faut que le sol produise les matières premières nécessaires à nos fabriques, au lieu de les importer de l'étranger.

Il faut qu'en fait de subsistance la France se suffise à elle seule.

Il faut arrêter le morcellement de la propriété.

Il faut que l'Algérie devienne notre Bengale pour nous fournir les denrées coloniales.

Il faut ne pas redouter une guerre maritime avec l'Angleterre, nous avons pour nous le puissant levier de la vapeur; les chances de succès sont en faveur de la puissance qui a moins à perdre.

Il faut une direction générale pour l'agriculture, établir des fermes d'expérience et d'école pratique, il faut de larges encouragemens.

Il faut un changement dans le système d'impôt, qui, en diminuant de moitié l'impôt foncier, donne aux propriétaires le moyen de supporter un impôt de guerre.

C'est à l'agriculture qu'il faut demander la réalisation de ces vœux d'intérêt public, et c'est à vous, Messieurs, qu'il appartient de soumettre au gouvernement la route qu'il faut parcourir.

J'ose espérer que vous voudrez bien accueillir avec indulgence quelques idées sur ces divers sujets, en faveur des motifs de bien public qui m'ont dirigé. (1)

---

(1) La plupart des sujets traités dans cette brochure sont extraits du manuel d'agriculture pratique pour le sud-ouest de la France, qui paraîtra cette année 1840.

NÉCESSITÉ

DE S'OCCUPER

DE LA PROSPÉRITÉ DE L'AGRICULTURE ;
D'AUGMENTER SES PRODUITS,
OBSTACLES QUI S'Y OPPOSENT,
MOYENS DE LES SURMONTER.

Il y a vingt ans que je publiai un mémoire sur les obstacles qui s'opposaient à la prospérité de notre agriculture et principalement la division rapide de la propriété. On crut voir dans cet écrit un but politique, tandis que je n'avais été dirigé que par cet amour du bien public qui a été l'existence de toute ma vie; alors, je ne voyais le danger que je signalais, que dans un avenir lointain. Mais le mal a fait des progrès rapides; déjà des conseils généraux, des sociétés d'agriculture, d'excellens journaux agricoles ont signalé le danger et proposé des remèdes pour atténuer les effets désastreux du morcellement.

Un grand nombre de bons esprits se sont occupés de chercher les moyens de faire rivaliser l'agriculture française avec celle de l'Angleterre. Ils réclament des chambres d'agriculture à l'instar des chambres de commerce.

Des conseils généraux, convaincus que la première base de l'agriculture est l'expérience, demandent l'établissement des fermes-modèles.

Le comice de Castres voudrait remplacer ces fermes-modèles, par des fermes d'expérience, ayant une école pratique (voir l'article des fermes d'expérience.)

Occupé depuis quarante ans de la pratique de l'agriculture, ayant taché d'acquérir sa théorie en lisant les excellens ouvrages qui paraissent à courts intervalles, je me fais un devoir de soumettre mes idées aux sociétés d'agriculture et aux comices du royaume.

Les économistes anglais, et surtout M. Rubichon, ont établi en principe :

Que la force ou la faiblesse d'un empire dépend de la quantité non de ses habitans, mais bien des subsistances.

Ainsi si les subsistances augmentent plus que la population, l'empire se renforce, et il s'affaiblit, si c'est le contraire.

Serait-ce la position de la France?

Laissant de côté toutes les utopies du raisonnement, cherchant la vérité dans les statistiques de l'Angleterre et de la France, et dans des discussions savantes et approfondies de plusieurs journaux d'agriculture, nous essaierons de constater notre position avec des chiffres.

La population, depuis 1790 jusqu'à 1831, a augmenté :

En Angleterre et en Autriche de . . . . 100 à 150

En Prusse. . . . . 100 à 130

En France. . . . . 100 à 114

Examinons si l'augmentation des subsistances a suivi la même progression. Prenons pour exemple la France et l'Angleterre. Eh bien! dans les quarante années, les subsistances ont augmenté, en Angleterre, dans la proportion de 100 à 180;

En France elles ont diminué de 100 à 80.

Ainsi, en ne calculant que sur dix ans, la population a augmenté de 6 0/0,

Et les subsistances ont diminué de 8 0/0.

C'était tout le contraire qu'il eût fallu.

Si le gouvernement ne parvient pas à arrêter le mal, il s'ensuivrait que chaque dix ans les familles françaises seraient obligées de diminuer leur subsistance d'un 8.me

Un tel état de choses qui n'existe pas dans le reste de l'europe, pays de grande culture, exige de la part des chambres une sérieuse attention.

C'est une question de vie ou de mort : le seul moyen d'arrêter le mal est de faire produire davantage.

Le moyen de faire produire davantage est d'encourager et de faire connaître, à chaque région du royaume, le système de culture pratique qui convient le plus à chaque climat et aux diverses variétés de leur terre.

Pour atteindre ce but, il faut, sans doute, répandre l'instruction dans la classe des petits propriétaires; mais ce ne serait pas seulement avec de savantes théories, il faut encore leur application au sol et prouver, par les résultats au propriétaire, peu porté à adopter les nouvelles découvertes, que telle culture et telle machine sont vraiment utiles et économiques. Pour obtenir ce résultat, il faut des hommes expérimentés, il faut des secours des chambres, de la persévérance pour suivre le même système pendant bien des années.

Quels sont les besoins de l'agriculture?

Une direction générale.

Arrêter ou du moins atténuer la division rapide de la propriété.

Procurer aux propriétaires des capitaux au moyen de banques agricoles, à l'instar de celles d'Ecosse.

Un million voté, chaque année, par les chambres, pour l'agriculture. Sur cette somme on prendrait 355,000 fr. pour la création de seize fermes d'expérience, et les années suivantes seulement 220,000 fr. : ces fermes serviraient d'écoles pratiques pour l'agriculture des huit régions de la France.

Diminution de l'impôt foncier, en adoptant un système d'impôt sur la consommation.

Je vais examiner successivement les divers moyens que je viens d'énoncer; mais avant, je dois déclarer que je n'ai pas la prétention de considérer les moyens que je propose, comme les seuls qu'on puisse adopter; j'ai eu pour but d'appeler l'attention des sociétés d'agriculture et des comices sur des questions d'une si grande importance pour la France. D'une sage discussion doit nécessairement jaillir la lumière sur les moyens de conjurer les dangers qui menacent notre agriculture. Vieux invalide, parvenu au bout de ma carrière, je signale les obstacles à surmonter, c'est aux agronomes dont s'honore la France à indiquer les moyens certains de prévenir le mal.

DIRECTION GÉNÉRALE.

Sans doute, les fonds votés par les chambres eussent pu produire quelque bien, s'il y avait eu un système arrêté et une direction générale du centre aux départemens. Pourquoi ne pas traiter l'agriculture, la plus importante de nos industries, sans laquelle les autres ne seraient rien, comme la médecine, la chimie, qui ont des écoles d'application? On a même senti le besoin des jardins botaniques pour former de meilleurs élèves; des villes se sont disputées les écoles des arts et métiers, et ont fait de grands sacrifices pour les obtenir. Si la théorie suffisait, il serait inutile de faire de si grandes dépenses.

L'expérience passe science.

Auriez-vous de grands médecins, s'ils n'acquéraient pas la théorie et la pratique dans les écoles de médecine et dans les hôpitaux? Aussi les médecins et les héritiers se plaignent qu'on ne meurt plus. Pourquoi ne pas suivre la même marche pour l'agriculture?

On a bien créé dans le nord quelques

fermes-modèles ; on a mis à leur tête des grandes capacités ; on a formé de jeunes agronomes instruits ; mais ces établissemens ne se rattachant pas à un système général d'agriculture, le bien qu'elles ont produit a été circonscrit à quelques localités. Les fermes d'expérience et d'agriculture pratique ne doivent pas être un objet de spéculation. Une agriculture, presque toute d'expérience, doit être coûteuse, elle doit imiter celle de ces *gentlemens* anglais dont la recette couvre à peine la dépense, mais dont les mécomptes ont contribué aux progrès de l'agriculture. En France, un homme comme *Blakwels* eut eu l'hôpital pour ressource ; en Angleterre le parlement a payé deux fois ses dettes. Quels grands résultats ne produiraient pas la dépense de 300, 000 fr. employés à l'établissement de seize fermes d'expérience et d'école pratique dans les huit régions de la France ! Au bout de dix ans on serait certain de procurer, à chaque région, un système de culture qui conviendrait au climat et aux diverses variétés de terre. Alors plus de tatonnement, on marcherait dans une ligne tracée par l'expérience, et il devrait nécessairement en résulter une augmentation de subsistances ; plus d'aisance chez les propriétaires et par conséquent une plus grande consommation des objets manufacturiers.

La richesse des particuliers n'est-elle pas la richesse de l'état?

Les chambres ont voté, deux années consécutives, un secours de 800,000 fr., sans système arrêté à l'avance, sans direction générale. Le ministre a été embarrassé pour employer ces fonds d'une manière utile. Les préfets ont dit aux comices : faites de l'agriculture, voilà 300, 500, 1,000 fr. Aussitôt les comices dans toute la ferveur du début ont établi des concours de charrue; et certes d'après les nombreux essais que l'on a faits, nous devrions posséder la charrue par excellence : on aurait dû cependant observer que la charrue à avant-train, qui convient à la culture avec des chevaux, dans les belles plaines de la Beauce et de la Flandre, ne peut convenir à la culture avec des bœufs, dans nos pays de côteaux. Dans ces réunions agricoles on a prononcé d'excellens discours sur l'agriculture qu'on a proclamé, avec raison, la première des industries; on a décerné des récompenses; puis on s'est réuni dans un banquet où l'enthousiasme a moussé comme le vin de Champagne qu'on a bu, et chacun s'en est retourné chez soi, en chantant le bonheur de cultiver les champs. C'est là en effet que, sans ambition des faveurs du budget, l'agronome passe tranquillement sa vie.

Et toujours entouré de dons et de promesses,
Il sème, attend, recueille ou compte ses richesses.

Tout cela est, sans doute, fort bien; mais il faut encore mieux : une nouvelle organisation de l'agriculture est donc à créer.

Je vais essayer de présenter quelques idées; il faut, sans nul doute, une direction générale, mais il faut des systèmes de culture différens, appropriés non seulement aux divers climats du royaume, mais encore aux variétés des terres. L'agriculture du nord ne peut convenir aux départemens du sud-ouest; la culture propre aux plaines ne peut convenir aux pays de montagnes des départemens de l'Aveyron, du Tarn et de l'Hérault.

Je proposerai donc de diviser la France en huit régions :

Nord, nord-est, est, sud-est, sud, sud-ouest, ouest, nord-ouest.

Il y aurait, dans chaque région, deux sociétés d'agriculture principales et un comice par département de la région.

Dans chaque région deux fermes expérimentales et d'école pratique de l'agriculture.

CONSEIL D'AGRICULTURE PRÈS LE MINISTRE.

La société d'agriculture de Paris présenterait au ministre une liste de douze agronomes reconnus comme capacités agricoles, choisis dans la capitale et les départemens. Sur cette liste le roi choisirait quatre membres qui formeraient le conseil supérieur de l'agriculture.

Ce grand conseil correspondrait avec toutes les sociétés d'agriculture et les comices de chaque région; il en serait de même avec les fermes expérimentales, dont le directeur enverrait, chaque mois, l'état de situation et rendrait compte de l'exécution du programme convenu, comme je l'indiquerai à la fin de ce mémoire.

Les sociétés d'agriculture correspondraient entr'elles et avec les comices de la région et les fermes expérimentales.

A la fin de l'année, le ministre publierait

le compte-rendu aux chambres et au Roi de l'emploi des fonds. Ce rapport, qui embrasserait tous les progrès de l'agriculture et les nouvelles découvertes, signalerait au Roi les agronomes qui se seraient distingués par de grandes améliorations constatées dans le rapport des inspecteurs généraux, par des découvertes utiles, et proposerait des récompenses honorifiques.

L'année de l'exposition générale de l'industrie, les fermes d'expérience enverraient à l'exposition une collection des outils perfectionnés et les machines nouvelles, dont l'expérience leur aurait prouvé l'utilité.

Chaque mois de mai, il y aurait, dans chaque ferme expérimentale, un grand concours public où seraient invités les membres des sociétés d'agriculture et des comices qui se feraient représenter par des commissaires chargés d'examiner en détail les travaux de la ferme et en rendre compte. Des récompenses seraient accordées, par le ministre, aux propriétaires qui auraient adopté les améliorations agricoles, en usage dans les fermes expérimentales, et les outils et machines dont l'utilité aurait été constatée.

Des récompenses seraient accordées aux propriétaires qui présenteraient au concours :

Les plus beaux béliers, race métisée;

Idem, race mérinos ou de Saxe;

Ainsi que les plus belles brebis;

Les plus beaux taureaux du pays;

Les plus beaux taureaux que le propriétaire aurait fait venir des départemens de France;

De même les plus belles vaches.

Un prix serait accordé à la vache qui donnerait le plus de litres de lait.

Il y aurait un prix pour le plus beau verrat.

A la fin de l'année, dans le grand rapport au Roi, le ministre proposerait d'accorder une médaille d'or, par région, aux agronomes qui auraient rendu de grands services à l'agriculture de leur pays. Les conseils généraux des départemens de chaque région indiqueraient l'agronome qui serait dans le cas d'être récompensé, et celui qui aurait le plus de votes serait présenté par le ministre. Si un agronome obtenait deux fois la grande médaille d'or, il serait apte à obtenir la croix de la légion d'honneur.

Le choix des agronomes ayant obtenu ces grandes récompenses serait proclamé dans la séance publique de la société de la Seine, présidée par le ministre.

Chaque année le conseil supérieur enverrait un inspecteur dans chaque région, à l'époque la plus convenable. Cet inspecteur, dans sa tournée, réunirait les sociétés d'agriculture et les comices, prendrait connaissance de leurs travaux, de leurs besoins et de l'emploi des fonds; il visiterait avec soin les fermes expérimentales, entrerait dans tous les détails de l'organisation des travaux et de la comptabilité, tiendrait compte des progrès, des découvertes et des résultats : il y aurait une note particulière sur le zèle du directeur. C'est avec le rapport des huit inspecteurs que le ministre présenterait au Roi le compte-rendu de la statistique de l'agriculture française : des inspecteurs dans le genre de M. de Dombal rendraient de très-grands services.

BANQUES AGRICOLES.

Un des plus grands moyens d'assurer la prospérité de l'agriculture serait la création des banques agricoles à l'instar de celles d'Ecosse. On dit que l'argent est le nerf de la guerre, mais il l'est aussi de l'agriculture, avec la différence que la guerre appauvrit les empires et que l'agriculture est leur véritable richesse. Lors de la longue lutte de M. Pitt, avec Bonaparte, ce ministre fut obligé de contracter de nombreux emprunts : les circonstances étaient graves. Pour y remédier M. Pitt encouragea la création d'une multitude de banques sur tous les points du royaume; en moins de six mois il y en eut cinq cents en activité. Pour les faire réussir il affranchit du droit de timbre les billets de banque et les fit accepter en paiement des impositions : c'est de cette époque que datent les entreprises colossales et la prospérité de l'Angleterre. L'intérêt exigé par les banques était de 4 0/0 : supposons une banque par division militaire.

Un propriétaire ne pourrait emprunter à la banque que six fois le montant de l'imposition foncière d'un ou plusieurs domaines purgés d'hypothèques. Cet emprunt serait remboursable dans cinq ans ; les intérêts perçus par la banque à 4 1/2 0/0 et 1/4 de droit de commission. Les billets émis par la banque ne pourraient dépasser la moitié du capital de la banque.

La banque serait composée d'une compagnie formée de propriétaires versant à la banque des actions de 10,000 fr.

L'actif serait formé de deux cents actions de

10,000 fr. faisant deux millions et de billets pour la somme d'un million : les actions seraient négociables.

Pour faciliter le succès de ces banques, il faudrait leur donner le privilège de l'assurance contre les incendies et la grêle, mais à des conditions fixées par le gouvernement.

Je n'ose dire que, par la suite, elles pourraient être chargées (1), à peu de frais, pour l'état des recettes générales ; sans doute, ce serait déplacer quelques individus ; il est vrai que l'état y gagnerait des millions. Ainsi, toujours le mal à côté du bien ; du moins on devrait leur accorder de fournir tous les emprunts des conseils généraux et des communes du ressort de la banque.

Mais, pour obtenir un résultat certain, il faudrait adopter la mesure proposée par un de nos meilleurs journaux agricoles, de réformer le droit du code hypothécaire. Ce droit ne produit que 1,400,000 fr. et serait bien compensé par l'augmentation de droits

---

(1) La perception des impôts, l'un portant l'autre, revenait en Languedoc à 2 centimes 50 centièmes par franc; la perception actuelle est de 8 centimes 50 centièmes par franc. Les banques pourraient la faire à moitié.

sur la consommation. En effet, les contributions indirectes montent à cinq cents millions, le revenu foncier est évalué à cinq milliards. On peut, avec certitude, évaluer, qu'au moyen des capitaux fournis aux propriétaires, le produit brut du sol augmentera au moins de 5 0/0. En Angleterre, dans l'espace de trente ans et depuis que vingt millions d'acres de communaux ont été partagés entre la grande propriété, le produit brut des céréales a augmenté de cinq à dix semences. En France le produit moyen en semence est tout au plus, de six par demi-hectare. Si nous obtenions avec une meilleure culture deux semences de plus, ce serait sept milliards de revenu brut. Mais en ne supposant qu'une semence sur le produit moyen, il résulterait, par l'augmentation des impôts indirects, un revenu, pour l'état, de vingt-cinq millions pour remplacer les 1,400,000 du droit hypothécaire.

Mais encore un moyen de faciliter la création des banques serait de leur verser tous les fonds provenant des caisses d'épargne établies dans le ressort de la banque. Ceci demande une explication. En créant les caisses d'épargne, le gouvernement a eu pour but d'attacher plus de monde à la propriété. Avec les caisses d'épargne l'extrême division de cette espèce de propriété n'est pas à craindre; mais le gouvernement a-t-il prévu qu'en temps de paix, il trouverait le moyen de placer avantageusement les fonds considérables que versent les caisses d'épargne, dont il doit payer 4 0/0 ? Dans ce moment, par exemple, le gouvernement ne peut trouver à placer qu'à 3 1/2, et c'est ce qui l'a engagé à rembourser le cautionnement des bureaux de tabac dont il payait 4 0/0. Ainsi, dans cet accroissement rapide des versemens des caisses d'épargne, quand on aura atteint trois à quatre cents millions, dont une partie serait sans emploi, puisqu'il faut que le gouvernement se trouve en mesure d'opérer les remboursemens considérables qu'une crise peut amener. Si le gouvernement ne retire pas d'intérêt d'une partie des fonds, ne faut-il pas avoir recours au budget pour payer les intérêts et toujours nouvelles charges sur la propriété?

N'y a-t-il pas d'ailleurs des inconvéniens à soutirer du département tous les capitaux, depuis les caisses d'épargne jusqu'aux fonds publics ou aux entreprises sur les chemins de fer?

En disséminant tous ces capitaux dans les banques de tout le royaume, elles peuvent placer les fonds à 4 1/2 chez les propriétaires et elles n'auront à payer que 4 0/0 Il en résulterait plus de facilité pour les versemens, plus de confiance surtout dans les départemens, et plus de sécurité s'il survenait quelqu'une de ces crises qui bouleversent les empires. Supposons, en effet, que les dépôts des caisses d'épargne aient atteint le chiffre de cinq cents millions; une révolution éclate dans la capitale, le gouvernement est renversé, le nouveau pouvoir ayant à s'établir dans les départemens est obligé d'agir avec rigueur; les contributions n'arrivent plus à Paris; il faut cependant *sauver la patrie*, et là, à deux pas, se trouve le trésor contenant cinq cents millions disponibles: nul doute que ce nouveau pouvoir ne se serve de ces fonds pour se consolider. Il est vrai qu'une proclamation annoncera que ce n'est qu'un emprunt, que c'est une dette sacrée, et qu'après la victoire les sommes employées seraient réintégrées au trésor. Mais si l'autre parti triomphe croit-on qu'il reconnaîtra pour dette légale les millions employés par le parti qu'il déclarera, à son tour, rebelle? Si au lieu de cela les fonds se trouvent disséminés dans toutes les banques, on court moins de danger, et on ôte des ressources à un mouvement révolutionnaire.

Ainsi tout est à l'avantage de cette mesure.

Il faut prévoir toutes les difficultés; on dira comment voulez-vous que les banques conservent dans leurs caisses des sommes considérables pour suffire à de prompts remboursemens qu'une crise peut amener? C'est la difficulté que vous avez signalée pour Paris. Mais il faut observer que l'effet d'une crise peut se faire sentir fortement à Paris, centre de toutes les révolutions; mais à Bordeaux, à Toulouse, à Marseille, les banques étant à la portée des créanciers, une panique est plus difficile à créer.

Au reste, c'est aux personnes versées dans la science des chiffres à proposer des mesures réglementaires. Quelle difficulté peut-on trouver à l'établissement de vingt banques agricoles? Quand on a l'exemple que l'Angleterre en a créé cinq cents, craindrait-on que ces banques pussent compromettre le crédit public, si elles faisaient mal leurs affaires? Mais alors que ce soit l'état même qui les établisse et qu'il profite de leur bénéfice pour faire augmenter les produits de l'agriculture, et par suite qu'il trouve, dans les grands résultats de ces vingt banques, un moyen de diminuer l'impôt foncier, d'où résultera l'aisance des propriétaires et une augmentation de la consommation ?

Examinons l'effet de ces banques pour le propriétaire. Celui-ci a besoin de 6,000 fr. pour améliorer son bien; ses impositions sont de 1,000 fr.; la banque lui prête ces 6,000 fr. à 4 1/2 pour cent et 1/4 de commission, le capital et intérêts remboursables dans cinq ans, la banque ouvre un compte courant avec le propriétaire; il porte à son *debet* au réglement de compte de chaque année, les sommes en à-compte des 6,000 fr. qu'il aura touchés et les intérêts et droits de commission et à son *avoir* la somme provenant de sa récolte qu'il a pu verser dans le courant de l'année. On conçoit qu'avec ces secours fournis par la banque, le propriétaire puisse augmenter le nombre de ses bestiaux, qu'il entreprenne des défrichemens ou des transports de terre, et qu'avec une culture perfectionnée il doive nécessairement augmenter son revenu, et au bout des cinq ans rembourser facilement une partie des emprunts: il y aura alors bénéfice pour lui et augmentation de produits pour l'état.

On peut objecter, avec raison, que les spéculations en agriculture ne sont pas toujours positives; que si le propriétaire n'est pas prudent, la facilité de se procurer de l'argent peut amener sa ruine. Vous-même, me dira-t-on, avez signalé *vos illusions et vos mécomptes*; je répondrai la position n'est pas la même. Avec les 6,000 fr. empruntés le propriétaire peut bien ne pas gagner, perdre même ce capital; mais enfin il ne peut jamais perdre plus que le sixième de sa fortune: il n'y a pas là ruine complète comme dans la spéculation sur les fonds publics ou sur les chemins de fer. Après les cinq ans la banque peut consentir à un nouvel emprunt, mais ce ne serait qu'après avoir pris des informations sur l'emploi du premier.

Au reste, peu importe à l'état que les propriétaires se ruinent par l'agriculture, comme, en résultat, il y aura augmentation dans les produits; c'est un avantage pour le pays.

Il résulte de cet exposé que, sans la facilité de se procurer des capitaux, l'agriculteur écrasé par les impôts de tout genre et par les effets du parcellement, ne pourra jamais atteindre à la prospérité de l'agriculture de l'Angleterre.

Nous voici arrivé à un des plus grands obstacles à la prospérité de notre agriculture.

LA DIVISION RAPIDE DE LA PROPRIÉTÉ.

Il est d'usage de conserver les meilleurs raisonnemens pour la fin d'un plaidoyer; mais, dans cette occasion, je commencerai par présenter un titre qu'on ne récusera pas et c'est dans les prophéties de *Nostradamus* que je le trouve.

Dans la seconde centurie le prophète nous dit :

Les lieux publics seront inhabitables,
Pour champs avoir trop grande division.

Que dirait à présent ce bon Nostradamus, s'il voyait la France divisée en cent soixante-six millions de parcelles.

Pendant quelque temps on a fait une question politique de la division de la propriété ; mais à présent les esprits sont bien changés. Cette question est envisagée sous son véritable aspect, qu'elle s'oppose non seulement aux progrès de l'agriculture, mais encore qu'elle peut compromettre notre existence.

Il n'est pas rare de trouver des personnes qui vous disent, de bonne foi, que les terres sont plus productives quand elles sont divisées en parcelles, comme s'il suffisait de semer du blé pour obtenir de belles récoltes. C'était bon dans le paradis terrestre; mais à présent la terre ne peut produire sans engrais, par conséquent sans bestiaux et sans fourrages pour nourrir ses bestiaux. Et comme la petite propriété est privée de ces trois ressources, plus elle se divisera, plus les produits diminueront.

En traitant la question du morcellement, je dois déclarer que je ne considère ses effets que dans l'avenir. Depuis vingt ans l'agriculture ayant fait des progrès, elle a dû produire davantage, malgré la division de la propriété; mais c'est précisément ce bien du moment qu'il faut redouter pour l'avenir. Un remède donné à petites doses peut opérer un grand bien; si on le donne à fortes doses il peut tuer : il serait donc d'une grande importance de fixer la ligne de division de la grande et de la petite propriété. J'oserai croire qu'un domaine de la contenance de cent hectares de toute nature de culture pourrait désigner la grande propriété utile à l'agriculture, et une contenance de trente hectares formerait le minimum de la petite propriété.

Ainsi un domaine de trente hectares peut entretenir un troupeau de quarante bêtes à laine. Lorsqu'il sera partagé entre plusieurs héritiers, aucun d'eux ne pourra conserver le troupeau.

Le produit de la laine va donc diminuer

et nous serons obligés d'avoir recours à l'étranger.

A mesure que le morcellement aura lieu, que la bêche remplacera la charrue, on défrichera les prairies pour y semer du blé ; on n'entretiendra plus que les bestiaux absolument nécessaires pour la culture; alors par quel moyen fournira-t-on les boucheries? Sans doute, ce danger est encore bien éloigné et d'ailleurs, pour nous autres Français, le rôle d'optimiste a bien des charmes.

Voyons cependant si ces craintes n'ont pas quelque base certaine. Pour cela, il faut invoquer la puissance des chiffres.

Je dois ici rappeler le principe qu'un état ne peut prospérer, si les subsistances ne s'accroissent pas dans la même proportion que la population. Eh, bien!

EN 1821 LA POPULATION ÉTANT de 713,765 âmes, on a consommé :		EN 1831 LA POPULATION ÉTANT de 890,400 âmes, on a consommé :
Sacs de farine.	627,860	 587,910
Fromage sec. .	1347,587	 996,365
Hectolitres vins	828,110	 776,781
Bière.	42,770	 28,775
Eau-de-vie. .	148,276	 112,059

Ainsi, dans le cours de dix annéès, les habitans de Paris ont diminué leur consommation des articles ci-dessus, proportionnellement à la population.

de 33/00 en farine.
25 en vin.
40 en fromage.
40 en bière.
47 en eau-de-vie.

Voyons à présent, si la consommation én viande n'a pas compensé cette diminution. Nous trouvons dans les états officiels.

EN 1822, POPULATION DE 713,765 âmes.		EN 1839, POPULATION DE 920,000 âmes.
Paris a consommé		Paris a consommé
En Bœufs. . .	74,666	69,513
Vaches. . .	8,273	18,961
Veaux. . . .	85,395	76,125
Moutons. .	351,958	426,160
Total. . .	520,292	590,759

Ainsi dans dix-sept ans, la consommation de la viande de boucherie, proportionnellement avec la population, a diminué de 81,241.

Mais en est-il de même du reste du royaume? Dans un dernier ouvrage de statistique, l'auteur prend pour exemple vingt villes dont le nom commence par lettre A et dont l'octroi est connu, villes ayant préfecture ou sous-préfecture.

RECENSEMENT EN 1832.

Ces 20 villes ont en population :

Amiens. . .	45,001 âm.	Alais. . . .	12,076 âm.
Angers. . . .	32,745	Albi. . . .	11,665
Avignon. . .	29,889	Auxerre. . .	11,439
Arras. . . .	23,419	Autun. . . .	9,921
Aix.	22,773	Auch. . . .	9,801
Arles. . . .	20,236	Aurillac. .	9,776
Abbeville. .	19,162	Ambert. . .	7,930
Angoulême. .	15,186	Avranches.	7,269
Alençon. . .	14,019	Argentan. .	6,247
Agen. . . .	12,601	Apt.	5,707
		TOTAL.	326,422 âmes

Ces vingt villes, d'après le rapport fait à l'empereur, avaient de population :

En 1810 285,575
1820 303,837
1832 326,421.

L'augmentation, dans les dix premières années, a été de 6 1/2 pour cent.

Dans les dix dernières de 7 1/4.

Voyons la quantité de subsistances qui ont payé les droits d'octroi.

	BOEUFS OU VACHES.	MOUTONS.
EN 1810.	 25,554	141,372
EN 1820.	 24,585	128,638
EN 1832.	 22,262	118,037

Ainsi depuis 1830, dans un cours de vingt-deux ans, ces vingt villes ayant augmenté de population de 40,847 auraient dû consommer, en 1832, 193,000 de viande, tandis que leur consommation n'a été que de 166,926.

Il y a donc augmentation de population de 7 0/0 et diminution de subsistances de 7 1/2 0/0.

Si tous ces calculs, établis sur les états de statistique et dans les rapports officiels, sont réellement exacts, chacun peut indiquer les dangers de l'avenir. C'est alors au gouvernement, éclairé par l'opinion des sociétés d'agriculture et des comices, à proposer aux chambres le moyens d'atténuer le mal.

En présentant la statistique de la culture comparative de l'Angleterre et de la France, nous pourrons connaître les causes qui ont augmenté les subsistances en Angleterre, en proportion de l'accroissement de sa population, et comment ces mêmes causes, avec un système différent, ont donné en France des résultats contraires. Quelques années ont dû amener quelque différence de chiffres.

L'ANGLETERRE possède HECTARES.	Sur 100 hectares.	LA FRANCE possède HECTARES.
3	Jardins, Parcs, Lacs, etc.	3
68	Pâturages.	6
11	Terres labourables . .	49
0	Vignes.	5
4	Bois-Taillis.	10
8	Landes, Vacans. . .	16
6	Eaux, Villes, Routes.	6
100		100

Puisque nous avons suivi un système de culture différent de l'Angleterre, les résultats n'ont pas dû être les mêmes; ainsi, en cultivant en pâturages soixante-huit hectares sur cent, les anglais ont pu élever, proportionnellement aux contenances, onze fois plus de bestiaux que nous, par conséquent onze fois plus d'engrais et faire produire plus de subsistances. Il en est résulté que tous les produits du règne animal, tels que les cuirs, la laine, les suifs et la viande ont augmenté en quantité et ont pu alimenter les fabriques. Quant au blé, la terre ne produisait, en 1790, que cinq semences, et à présent les anglais récoltent de dix à douze pour un; en France, de cinq semences nous sommes arrivés à six : c'est peu avec les progrès de l'agriculture; mais c'était nécessairement la conséquence du système imposé par la loi, dont le législateur n'avait pas calculé les résultats. Ils ont été ce qu'ils devaient être, l'agriculture anglaise est en progrès, et, pour la France, le présent est stationnaire et l'avenir menaçant. Oserai-je dire ce qu'il faudrait faire? Augmenter nos pâturages en semant moins de blé, fumer davantage, obtenir ainsi de la terre plus de produits, arrêter le morcellement, diminuer l'impôt foncier, enfin fixer pour chaque région de la France, au moyen de fermes expérimentales, le système de culture qui leur convient le mieux. Ne forçons pas la nature; que le midi cultive avec succès ses blés, son maïs, les vers à soie, les oliviers et fournisse de l'eau-de-vie au nord; que l'est produise la garance, ses belles laines et le fer; le nord-est le oublon, le lin, le chanvre et la houille; le nord-ouest, avec ses gras pâturages, ses bœufs si renommés et ses chevaux qu'il faudrait multiplier;

l'ouest sa truffe parfumée, si nécessaire au gouvernement constitutionnel; le sud-ouest ses excellens vins jusqu'au moment que, grâce à la société de tempérance anglaise, nous ne boirons que de l'eau; et laissons à la ville de Paris le soin de cultiver, avec un succès constant, le budget de la France : il faut lui rendre la justice qu'elle en tire un bon parti.

En comparant les deux systèmes de culture de la France et de l'Angleterre, il faut cependant faire la part du climat. En Angleterre, les étés sont rarement secs comme dans le midi de la France, avec un climat humide où le brouillard entretient la fraicheur, avec un soleil qui n'échauffe pas plus la terre que notre lune du midi : il y a eu nécessairement de l'avantage à cultiver beaucoup de fourrages, des turneps et autres racines. En France ce serait une folie d'imiter cette proportion de 68/00 en fourrages, mais aussi six hectares sur cent c'est trop peu et, sans nul doute, il y aurait un grand avantage à prendre six hectares sur les quarante-neuf des terres labourables, pour les convertir en prairies. J'indiquerai à l'article des céréales quels en seraient les résultats.

Examinons à présent la situation de la propriété de la France, composée de quatre millions quatre cent mille familles, avec trente-trois millions d'habitans, et celle de l'Angleterre composée de neuf cent vingt-sept mille familles avec quatorze millions d'habitans.

En 1786, chaque cent familles des deux royaumes nourrissaient cent quarante-trois familles industrielles ; depuis cette époque qu'on a aggloméré en Angleterre la propriété, chaque cent familles en nourrissent deux cent soixante-et-une, et les cent familles françaises n'en peuvent nourrir que trente-trois.

A présent il faut se rendre compte de la division du sol entre les quatre millions quatre cent mille familles françaises.

21,456	Familles possèdent en moyenne.	880 Hect.
168,845.		62
217,817.		21
256,532.		12
258,432.		8
361,711.		6
567,687.		3
851,280.		1 2/3
1,101,421.		0 1/4
406,000	Vivant comme journalier, métayer, etc.	0

La grande propriété française se réduit donc à cent sept mille deux cent trente individus et la petite à dix-neuf millions, et sur ce nombre, il y en a un million qui ne jouissent pas d'un hectare.

En Angleterre, trente-deux mille propriétaires ont l'un dans l'autre six fermiers.

Il y a vingt-deux mille fermiers employant six cent soixante-dix-sept mille familles à l'agriculture, en totalité neuf cent vingt-sept mille familles.

Voilà deux systèmes. On en a vu les résultats dans un rapport inséré dans le *Moniteur de la propriété*, en 1837 ; on trouve

« Qu'un français qui consommait, en 1819,
» vingt kilogrammes de viande, n'en con-
» somma, en 1837, que quatorze. Il y a
» donc déficit de 32 0/0.

« A Paris, en 1809, chaque parisien con-
» sommait soixante-treize kilogrammes de
» viande, et en 1822 que soixante. Encore
» déficit de 32 0/0.

« Une famille composée de cinq individus
» peut-elle se nourrir avec vingt décagram-
» mes de viande de boucherie, par jour, et
» le parisien se contentera-t-il de quarante-et-

» un décagrammes qui lui reviennent ? » (1)

L'auteur ajoute : « De 1812 à 1830, la » population a augmenté de quatre millions » cinq cent quarante-huit mille âmes, et la » production des bœufs n'a été que de » trois cent vingt mille six cent soixante- » treize bœufs : il y a donc insuffisance no- » toire de bestiaux. Cette diminution doit » être attribuée aux droits énormes mis sur » l'entrée des bœufs, venant de l'étranger, » droit qui est de cinquante-cinq francs par » tête. »

J'oserais croire que le moyen qu'indique l'auteur de cet article de diminuer les droits, opérerait, sans nul doute, une diminution dans le prix de la viande; mais cette mesure aurait le grave inconvénient de nuire aux produits de toute espèce de bétail et de plus de faire sortir du royaume un numéraire précieux. La France, avec son beau climat, doit produire tout ce qui est nécessaire à sa subsistance; ainsi si elle ne pro-

---

(1) Les peuples du midi ne sont pas à un aussi bon régime ; ils manquent rarement de la viande de boucherie ; ils se nourrissent de maïs, de pain, de choux et de pommes de terre assaisonnées avec un peu de graisse de cochon salé.

duit pas la quantité de bestiaux qui lui est nécessaire, il faut qu'il y ait un vice dans son système d'agriculture, et je me permettrai de dire que ce vice de notre système est de cultiver en blé trop d'hectares et pas assez en pâturage : on a pu en voir plus haut les résultats.

Pour en finir, avec cette importante question du morcellement, il suffira de présenter les résultats en produits de la grande propriété en Angleterre, comparée avec ceux de notre propriété.

Voici le tableau comparatif des produits obtenus par mille familles agricoles, en Angleterre, avec cëux des mille familles françaises.

1,000 familles anglaises vivant de l'agriculture produisent :		Mille familles françaises vivant de l'agriculture produisent :	Produit général de l'Angleterre avec 14 millions d'habitans.	Produit général de la France avec millions d'habitans.
Chevaux. . .	273	65	170,000	40,000
Bœufs. . . .	1,230	203	1,250,000	800,000
Moutons. . .	11,000	1,040	10,200,000	5,200,000
Grains hect.	56,000	40,000		
			Obtenus avec 928 mille familles.	Obtenus avec 4 millions 200 mille familles.

Dernièrement un de nos meilleurs jour-

naux agricoles a traité cette question en peu de mots. « Avec l'égal partage de succes-
» sion, *qui devait être la loi du pays*, la
» grande propriété ne pouvait exister. Mal-
» heureusement nous avons été à l'extré-
» mité contraire, la division du sol est
» poussée à l'infini, il y a des parcelles dont
» le revenu n'est que cinq centimes ; certes
» voilà de tristes résultats. Mais ils étaient
» les conséquences de la loi ; mais quel sera
» le remède à proposer ? C'est là ce qui est
» presque impossible, et cependant nous ne
» pouvons exister avec un dissolvant qui
» nous ramène à l'état de sauvage. »

Résumons tous les inconvéniens qui doivent résulter de la division de la propriété, principalement dans le sud-ouest.

Diminution des troupeaux.

Diminution de la laine.

Nécessité de l'importation.

Les fourrages artificiels ne pouvant être cultivés par la petite propriété, il y aura moins de bestiaux et par suite diminution des cuirs, de la viande de boucherie et du suif.....

Impossibilité de cultiver le tabac et la garance qui exigent du temps et des avances.

Diminution dans la fabrication du sucre, les céréales remplaçant les betteraves.

Les bois se divisant en petites contenances, il sera impossible de conserver les hautes futaies devenues déjà si rares.

La petite propriété ne dépensant que le nécessaire, elle consommera moins les produits de l'industrie.

DIMINUTION DES CÉRÉALES FAUTE D'ENGRAIS.

La petite propriété vendant de bonne heure l'excédant de ses besoins, comment alimenter les marchés en mai et juin ?

S'il survient une mauvaise année, le gouvernement fera venir des blés de l'étranger, dira-t-on ?

Mais en 1816 et 1817 l'état dépensa des sommes considérables, et cependant toutes les ressources ne fournirent que deux jours de subsistance, en 1816, et trois jours en 1817.

Peu importe que ce soit dans cinquante ans ou dans un siècle, si la division de la propriété est arrivée à trois cent millions de parcelles et la population à quatre-vingts millions. Ayant chacun moins d'un hectare de propriété, comment nourrir ce *bienheureux* budget de onze cents millions?

Pour la consommation des fabriques, il y aura peu de consommateurs.

Les douanes ? nous n'aurions rien à exporter.

L'industrie de luxe ? la petite propriété ne pourra en avoir.

Le commerce ? mais que transportera-t-il ?

Alors avec quoi payer l'armée et la marine, et tous les conviés au banquet du budget ?

Enfin comment gouverner?

Je m'arrête : les conséquences à tirer de notre position seraient trop effrayantes..... Et, en ma qualité de français, je ne veux pas me tourmenter de l'avenir.

On tronvera, sans doute, que j'exagère le danger : le temps arrangera tout. Dira-t-on, chaque nation a toujours ses moyens de conservation; mais c'est là la question. Il faut trouver ce moyen de conservation, et c'est là le vœu de mes derniers jours.

Au reste, je ne suis pas le seul qui signale le danger; un de nos meilleurs agronomes, militaire très-distingué, le général Tayraire, nous dit dans un journal : « Que » le morcellement ôte les moyens d'éduca» tion, procède au nivellement par l'abais» sement des supériorités et appauvrit la so» ciété, soit en intelligence, soit en fait de » fortune. Avec ce dissolvant, l'amour de

» la patrie finit par disparaître, faute de lui » créer un intérêt suffisant. Il est, en effet, » facile de voir que le propriétaire de cent » hectares doit prendre plus d'intérêt à l'é» tat politique de son pays, que le triste » possesseur d'un hectare : on tient peu au » pays où l'on possède peu, et on est com» plètement indifférent à celui où l'on ne » possède rien. » Que répondre?

M. d'Haussez observe que dans l'Argovie et le Tirol qu'il vient de parcourir, le morcellement avait tant agi sur le pays, que presque les divers métiers, les sciences et les arts avaient disparu. Il pose en principe que, quand chaque citoyen participe à la propriété, on peut être certain que l'état est en décadence.

Si les dangers que je viens de signaler sont réels, pourquoi ne pas chercher les moyens d'atténuer le mal? Dans ce moment, un grand nombre de bons esprits s'occupent de notre avenir. Le conseil général de la Meurthe, dans deux sessions consécutives, a signalé le danger et a émis un vœu à ce sujet. M. Barthés de Rovile, un des membres de ce conseil général, a publié dans le journal d'agriculture pratique un article sur le moyen d'arrêter le morcellement. Il propose de déclarer indivisible toute parcelle de quarante à cinquante ares qui aboutirait à une route.

Il cite que le département de Seine-et-Oise, la commune d'*Argenteuil*, dont la surface du territoire est de mille cinq cent cinquante hectares, est divisé en trente-six mille huit cent quatre-vingt-cinq parcelles, et il ajoute que presque toutes les communes du département de la Meurthe sont divisées à peu près comme il suit :

N.os DE LA CONTENANCE.	ARE. CENT.		IMPÔT.	
			F.	C.
491.	de 0	40	0	21
49.	0	70	0	62
1,526.	0	43	0	09
1,534.	0	62	0	39
1,557.	0	70	0	06

Le moyen que propose M. Barthés a, sans doute, quelque avantage; mais n'agissant que sur une contenance de quarante à cinquante ares, son effet sera peu de chose. Tant qu'à adopter une mesure de ce genre, il faudrait l'établir sur un chiffre plus élevé ; mais ce n'est encore qu'un palliatif.

Sans nul doute des modifications à la loi de succession donnerait en France les mêmes résultats qu'en Angleterre et en Allemagne; mais ce moyen ne pourrait être tenté qu'avec prudence et insensiblement, puisque la génération actuelle jouit d'un droit acquis depuis à peu près quarante ans. Il faut cependant observer qu'avant la révolution du 18 brumaire, les pères n'avaient le droit de disposer que d'un sixième. Bonaparte le porta au quart, et ce changement ne donna lieu à aucune réclamation et fut mis en vigueur de suite. Dans ce moment il y a, pour ainsi dire, prescription et il ne faudrait pas moins que le salut de la France pour changer la loi. Si telle était notre situation, ne pourrait-on pas modifier la loi en ce sens, que le droit accordé aux pères de disposer du tiers ne serait exécutable que dans vingt ans, et qu'après vingt autres années le droit de disposer serait fixé à moitié?

Mais, jusqu'à cette époque, en supposant qu'on pût engager l'avenir de la nouvelle génération, il ne faudrait pas négliger les moyens secondaires d'atténuer le mal. Entre autres moyens, je proposerai:

Que lors d'un partage entre enfans, si

l'héritage reste sur une seule tête pendant vingt ans, les droits de succession ne seraient que d'un pour cent; s'il se partage entre deux héritiers, de quatre pour cent, entre trois de six pour cent, ainsi de suite jusqu'au cinquième héritier.

De plus, si dans les arrangemens de famille un des enfants se charge des 3/4 de la propriété, le montant des impositions sera réduit de moitié, et le quart restant paierait l'autre moitié, et cela pendant vingt ans. Mais si ce domaine composé des trois quarts venait à se vendre en totalité ou en partie, le propriétaire rembourserait les sommes qu'il aurait dû payer soit pour droit de succession, soit par la diminution de l'impôt.

Ce ne sont que de simples idées que j'émets. Des personnes plus habiles trouveront des moyens plus puissants pour conjurer les dangers qui menacent notre avenir.

On dira peut-être que les moyens que je propose sont attentatoires au droit de propriété; mais la loi sur l'expropriation, pour cause d'utilité publique, l'est bien davantage.

CHAMBRE D'AGRICULTURE.

On est toujours tenté de se demander pourquoi l'agriculture, la première des industries, n'est pas aussi encouragée que les industries commerciales ?

On trouve dans un de nos meilleurs journaux agricoles, qu'on a créé en France,

53 chambres de commerce.

43 chambres consultatives.

38 conseil de prud'hommes.

174 tribunaux de commerce.

Un conseil général de commerce, composé de soixante membres.

Enfin, un conseil supérieur composé de vingt-huit membres.

On nous dit : vous avez quatre cent soixante-quinze comices et cent vingt-et-une sociétés d'agriculture. Mais ce ne sont pas, et même cela ne peut être, les organes du besoin de l'agriculture ; ce sont des réunions volontaires, sans organisation supérieure, sans plan, sans fonction, et, par conséquent, ne pouvant avoir l'importance nécessaire pour être entendue favorablement.

Ce n'est pas ainsi que je conçois l'organisation d'une chambre d'agriculture ; je n'en voudrais qu'une par division militaire. Elle serait composée d'autant de membres qu'il y a de sous-préfectures dans la division. Le comice de l'arrondissement choisirait le propriétaire-cultivateur qui lui paraîtrait le plus capable de remplir ces honorables fonctions.

La chambre d'agriculture se réunirait une fois par an, au chef-lieu de la division. sa réunion durerait huit jours; elle recevrait les rapports des travaux des sociétés d'agriculture et du comice établis dans la division; dresserait un rapport du besoin des diverses localités, proposerait au gouvernement le réglement nécessaire à l'agriculture locale; elles donneraient leur avis sur les lois qui regardent l'agriculture. Chaque trois ans, elle signalerait au gouvernement les agronomes qui auraient rendu les plus grands services à l'industrie agricole.

Pour être membre du conseil, il faudrait être propriétaire, séjournant, sur son domaine, une partie de l'année, et avoir au moins trente ans.

La session de la chambre de l'agriculture sera présidée par l'inspecteur général, nommé par le ministre.

Dans le cas de questions importantes, qui auraient amené de graves discussions entre des communes et même des propriétaires, la chambre se formerait en grande justice de paix, qui jugerait en premier ressort et sans frais. Dans ce cas, la durée de la session serait prolongée de six jours.

Des récompenses honorifiques seraient accordées aux membres de la chambre d'agriculture qui auraient montré beaucoup de zèle dans l'exercice sacré de leur fonction, et qui en auraient fait partie pendant dix ans. Chaque cinq ans, la moitié de la chambre serait renouvelée ; les membres sortans pourraient être réélus.

FONDS VOTÉS PAR LA CHAMBRE.

Si on veut créer des encouragemens pour l'agriculture, établir seize fermes expérimentales, avec une école pratique d'agriculture, avoir des directeurs instruits, donner des récompenses, avoir des inspecteurs généraux, de tous ces établissemens, il faut un million cinq cent mille francs, pour la première année, et un million pour les autres. Cette somme paraîtra considérable et cependant le royaume de Wurtemberg, qui n'a que dix-huit cent mille habitans, donne huit cent mille francs pour la prospérité de son agriculture · ce n'est d'ailleurs que deux cent mille francs de plus que ces deux dernières années. Eh quel résultat différent !

DIMINUTION DE L'IMPOT FONCIER.

Me voici arrivé à l'arche sainte, oserai-je y toucher ? Je sais bien qu'il est fort commode de percevoir, chaque année, un revenu fixe. Ici il n'y a pas de mécompte : ces propriétaires sont de si bonnes gens ! Mazarin disait : ils chantent, ils paieront. A présent, ils crient et paient. La chambre n'ayant dans son sein qu'un petit nombre de propriétaires, l'agriculture, cette première de nos industries, n'est ni représentée, ni dégrévée des charges qui pèsent sur elle : le commerce et l'industrie sont bien mieux traités. Des primes sont accordées à nos draps, quand ils sont exportés; il en est de même pour le commerce de Terre-Neuve; l'industriel des villes ne paie qu'une simple patente, tandis que le propriétaire est atteint par les impositions et par cette inondation de centimes additionnels, qui menacent de tout engloutir. Survient-il une révolution? Faut-il faire la guerre? Il suffira de voter cinquante centimes additionnels; mais qu'en arrivera-t-il ? Le cultivateur écrasé est obligé de diminuer ses dépenses, les terres ne seront pas améliorées, la vente des objets fabriqués languit, le fabricant est dans la gêne, l'artisan travaille à peine et le grand consommateur, cette douce *brebis* si facile à tondre, n'est plus une ressource pour le trésor. Tout se suit, tout s'enchaîne dans l'organisation des états : aussi on peut établir en principe que, plus la propriété sera soulagée des impôts énormes qui pèsent sur elle, plus l'agriculture sera florissante, et par suite toutes les industries : ce n'est qu'avec ce système que l'Angleterre a acquis une si grande prospérité ; le sol ne paie presque rien, les impôts sur les consommations sont la seule ressource.

Il serait difficile de disconvenir de ces faits. Mais dira-t-on, il nous faut un budget de onze cents millions ; c'est nous qui partageons avec l'Angleterre la *gloire* d'avoir le plus gros budget. Le ministre nous dit : nous ne voulons pas vous surfaire, c'est, je vous assure, au plus juste prix. Voyez toutes les belles choses que nous faisons à Paris ; je sais bien que vous désireriez qu'on vous en donnât quelques miettes à Toulouse ; deux cents lieues à parcourir vous effraie pour venir les admirer. Mais tranquillisez-vous, avec la vapeur, sur les chemins de fer, vous pouvez être dans seize heures à Paris ; vous voyez que cela ne vaut pas la peine que nous vous envoyons l'Obélisque de Ludzor. Allons, soyez raisonnable et payez. Me voilà converti, ce n'est en effet que trente-trois francs par individu, ce n'est pas cher. Mais, Messieurs, ne pourrez-vous pas supprimer ou du moins diminuer l'impôt foncier de cent millions, et, en suivant l'exemple de l'Angleterre, retrouver, et même au-delà, ces cent millions par un léger droit sur les objets fabriqués. Je vais seulement indiquer ma pensée.

En 1826, le coton payait à l'entrée, en France, un droit de cinq à six millions. La commission du budget appela, dans son sein, des principaux fabricans d'étoffes en coton; on leur demanda s'ils n'aimeraient pas mieux remplacer ce droit à l'entrée par un léger impôt sur les objets fabriqués, droit qui ne serait payé qu'à mesure de leur vente. Ils répondirent que sans nul doute ils préféreraient ce dernier moyen, celui à payer à l'entrée, leur étant onéreux en ce qu'il obligeait le fabricant à faire des avances, sans savoir quand ils en retireraient les intérêts, tandis qu'en ne payant lors de la vente, c'était le consommateur qui payait le droit : la commission évalua le produit du droit à trente millions.

Toutes les étoffes en laine sont évaluées à quatre cent vingt millions. En leur imposant un léger droit, ainsi qu'aux étoffes en soie, aux toiles, toujours au moment de la vente, l'état retirerait plus de cent cinquante à deux cents millions. Mais on dira peut-être que ce droit pesera sur le fabricant : l'erreur est facile à prouver. Toutes les marchandises provenant des fabriques ont un cours comme les grains. S'il y a une hausse sur les laines, les cotons, la soie, tous les fabricans sont obligés d'augmenter leur prix : il en est de même du droit qui produira une légère augmentation; mais ce sera en définitive le consommateur qui payera. Avec la surabondance de fabrication que nous avons, ce n'est pas le bon marché des étoffes qui les fait vendre, c'est les besoins de la population. Dans les foires, où les fabricans portent leur marchandise, le prix qu'ils demandent est toujours établi en raison des acheteurs qui se présentent, sur lesquels le léger droit n'influera en rien, mais bien les commandes dont ils sont porteurs et qui représentent les besoins. Aussi quand les fabricans reviennent des foires, ils disent que la foire a été bonne, quand ils ont écoulé leur marchandise à un bon prix; mais ce prix ils n'ont pu le fixer à l'avance, ce sera le cours de la foire qui le formera. Si les besoins sont grands, les fabricans vendent toutes leurs marchandises facilement; si les acheteurs sont rares, ceux-ci sont difficiles et ne veulent que du bon. Ce serait encore trente ou trente-cinq millions pour le trésor, payés par les consommateurs, droits peu onéreux pour eux, en raison de son peu d'élévation : cela confirme le principe que ce sont les droits médiocres qui augmentent le produit de l'impôt. Le sel, par exemple, rapportera le double, si on diminuait les droits d'un quart. Nous en consommerions beaucoup pour les bestiaux et peut-être même comme engrais pour les terres, s'il était vrai que l'expérience confirmât l'opinion du célèbre chimiste Davis que le sel, en petite quantité, peut servir d'engrais.

Je vais examiner les résultats de ce système d'impôt, dans le cas où il serait adopté.

Le propriétaire ne payant que la moitié de l'impôt se livrerait à des améliorations de culture qui augmentent ses revenus : plus riche, il consommerait plus d'objets de luxe.

Les industries et la classe ouvrière y gagneraient.

Le sol amélioré rapporterait davantage.

Ces consommations augmentant, les fabricans, le trésor, les villes par leurs octrois n'auraient pas besoin de les accabler de centimes additionnels.

Enfin, tous les objets fabriqués, se trouvant plombés, acquerraient une valeur morale que nous avons perdue dans l'étranger, par la fraude de quelques commerçants.

Voilà donc l'état et les particuliers plus riches, et les subsistances augmentées.

En cas de guerre, le gouvernement trouverait chez les propriétaires de grandes ressources, en exigeant tout le temps que durera la guerre, l'impôt comme avant sa diminution. Supposons dix ans de paix. Pendant ces dix années, les propriétaires se seront enrichis d'un milliard; cette somme, répandue dans les vingt-et-un millions de propriétaires, vivifiera par la cousommation toutes les branches d'industrie, et le gouvernement, par les diverses natures d'impôts indirects, retirera 10 p. 0/0, et aura acquis à la fin des dix années un capital de cent millions. C'est alors qu'une caisse d'amortissement, vraiment indépendante, dotée chaque dix ans d'une somme si considérable, pourrait réellement, et non *fictivement*, réduire la dette publique; et, en cas de guerre, présenter de grandes ressources. Est-ce un rêve ?... Que ce soit demain la pensée d'un bon français !

Cette question de l'impôt a été traitée avec un grand talent dans l'*agonie de la France*, ouvrage remarquable par la profondeur des pensées et les vues d'utilité publique (1).

L'auteur établit la nécessité de supprimer en temps de paix l'impôt foncier, et de le remplacer par une imposition sur tous les produits des fabriques. « La suppression de » l'impôt foncier, nous dit l'auteur, rou» vrirait les canaux de la prospérité géné» rale, substituerait l'aisance à la détresse » des possesseurs du sol, et s'y alimente» rait même de cette aisance répandue » soudain sur vingt-cinq millions de con» sommateurs empressés d'accroître leur » consommation, et conséquemment leur » contribution volontaire.

« Que soumettre à la contribution indi» recte?

« A peu près tout objet de consomma-

---

(1) Par M. le marquis de Villeneuve, préfet de cinq départemens sous la restauration. A Paris chez Delloy, rue des Filles-Saint-Thomas, 13.

» tion, hormis ceux de première nécessité,

« Puis, à quel moment prélever la con-
» tribution ?

« Au moment précis où la consommation
» s'effectue, jamais auparavant ; sur le con-
» sommateur lui-même, jamais sur le pro-
» ducteur.

« Tous les objets de fabrique et de ma-
» nufacture, tous les produits des arts et
» métiers qui présentent un corps à l'impôt,
» apporteraient leur tribut, mais non par
» les mains des fabricans, ni de l'artisan,
» de ces mains productrices ne sortiraient
» pas une obole. Seulement leurs ouvrages
» seraient sans frais, inscrits, marqués au
» timbre par les agens des contributions.
» Du fabricant ils circuleraient sans rien
» payer, arriveraient au marchand en gros,
» de-là au détaillant, et enfin au consom-
» mateur qui, en définitive, paie le droit de
» tous les objets fabriqués sujets aux droits.
» Les tissus en coton et ceux en laine se-
» raient les plus importans, le fabricant
» sera quitte d'impôt au prix d'une simple
» déclaration de ses ouvrages : ne payant
» rien, il n'aurà aucun intérêt à la fraude.

« Qui pourra se plaindre de cette mesure?
» Le fabricant? Son commerce est affranchi.

» Le consommateur? Payer sera l'œuvre de
» sa volonté, la mesure de ses facultés.
» Le riche en payant un mètre vingt centi-
» mètres de drap à vingt-cinq francs, payera
» un impôt double que celui qui ne peut
» acheter que du drap à douze francs le
» mètre vingt centimètres. »

C'est précisément remplir le but que doit se proposer le législateur. Considérez l'impôt du sel, c'est un de nos premiers besoins; le pauvre comme le riche payent le même prix. Mais comme le pauvre consomme plus de sel que le riche, calculant par individu, il se trouve supporter un impôt inégalement avec le riche, et qui souvent dépasse la somme des autres impôts.

Je reviens à l'ouvrage que j'ai cité.

« Le fabricant dira-t-il que le produit de
» son travail sera renchéri par le montant du
» droit, qu'un mètre vingt centimètres de
» drap, par exemple, sera porté en valeur de
» vingt à vingt-deux francs ou un tissu de co-
» ton de cinq francs à cinq francs cinquante
» centimes; qu'un objet renchéri se débite
» avec moins de facilité? Erreur, au con-
» traire, le débit s'augmentera par l'affluence
» des consommateurs : il faut observer que
» six millions de propriétaires, augmentant

» leur revenu du montant des impositions, » se laisseront entraîner à des dépenses de » luxe. La consommation de tissus de laine » et de coton est maintenant arrêtée au degré » moyen de l'échelle sociale; elle descen- » dra, les draps fins parviendront au petit » propriétaire, les draps quelconques à l'ar- » tisan et les femmes échangeront les per- » cales contre des tissus imprimés plus élé- » gans.

« Et quel débouché extérieur vaudrait » pour la France un marché national devenu » immense, partout ouvert, partout opu- » lent ?

« En définitive, qu'un tel mode d'impôt » fût lucratif pour l'industrie, il y a toute » vraisemblance.

« Qu'il fût avantageux à la propriété fon- » cière, il y a évidence. Etonnant con- » traste! Aujourd'hui la perception de l'im- » pôt est vexatoire; le moindre retard est » puni. Avec l'autre système le contribuable » paie, sans s'en douter, ce drap fin dont » il ignorait l'usage; cette mousseline soyeuse » dont sa femme n'avait que la vaine envie, » ils les soldent avec empressement, ayant » l'argent pour les payer. En cet argent » est compris l'impôt, ils ne le voient pas,

» ils ne s'en doutent pas. Ici point de lar-
» mes inutiles, point de meubles saisis et
» vendus ; ils paieraient le tribut à l'état
» tout juste à l'heure qu'ils voudraient,
» tout juste dans la quotité qu'ils vou-
» draient. »

QUE FAUT-IL DEMANDER A L'AGRICULTURE ?

Ne peut-on pas établir en principe qu'un pays comme la France, favorisée par son beau climat, doit produire tout ce qui est nécessaire à ses besoins ; et si elle ne peut se suffire à elle-même, il faut qu'il y est un vice dans le système d'agriculture qu'elle suit.

Pour bien se fixer sur cette question, il faut faire l'inventaire de nos richesses, et indiquer les branches de l'agriculture qu'il faut encourager.

Ainsi, pour les bêtes bovines, la consommation dépasse la production ; il faut en chercher la cause. Sur cent hectares, nous n'avons que sept hectares et demi en pâturages. Les sept mille bœufs que nous tuons chaque année donnent à peu près seize millions de kilogrammes de cuirs : c'est un demi kilogramme par individu : il y a donc insuffisance positive et obligatoire d'avoir recours à l'importation. En 1821 nous avons importé de l'étaanger trente-cinq mille bœufs; c'est ce déficit qu'il faut demander à l'agriculture, en faisant produire plus de bestiaux; et, pour atteindre ce but, il faut encourager la formation des prés naturels, en donnant des primes d'encouragement. On a vu dans le tableau comparatif que mille familles anglaises, vivant de l'agriculture, font produire mille deux cent trente bœufs, tandis que le même nombre de familles françaises n'en font produire que deux cent trois. La raison de cette différence est bien simple, les anglais ont une plus grande quantité de prairies que nous; ils ont pu alors élever plus de bétail, se procurer ainsi plus d'engrais, et cependant obtenir plus de blé avec moins de terres ensemencées. Concluons de ce fait que nous devons semer moins de blé, former des prairies naturelles et élever plus de bétail : je reviendrai sur cette question.

Malheureusement il y a un obstacle difficile à vaincre qui n'existe pas en Angleterre, c'est le morcellement. Comment créer des pâturages, quand on défriche même ceux situés dans les vallons, et cela pour y semer du blé que le brouillard détruira chaque année?

Venons aux troupeaux.

Cette même année 1821, le ministre porte l'importation des moutons à neuf cent soixante mille têtes : voilà encore un déficit qui ne devrait pas exister. Mais comme je l'ai dit plus haut, à mesure de la division de la propriété, les troupeaux doivent nécessairement diminuer, et le produit en laine diminuant, nos fabriques seront obligées d'en importer une grande quantité. Ne serait-il pas possible de demander à notre colonie d'Alger, au moins la quantité de laine grossière nécessaire aux draps de basses qualités? Peut-être même qu'avec le voisinage de l'Atlas, on pourrait entretenir des troupeaux de race pure que l'on enverrait passer l'été dans les montagnes, comme on le fait en Espagne et à Arles : ce n'est malheureusement que dans un avenir encore éloigné, que nous pourrons faire l'essai de cette importante amélioration.

Les vignes occupent quatre hectares cinquante ares sur cent. C'est pour nous une véritable richesse et qui le serait encore plus, si on diminuait les droits énormes qui pèsent sur elle. Dans ce moment le vin donne une balance, en notre faveur, de cinquante-quatre millions ; elle serait de quatre-vingts, si les droits étaient également supportés ;

mais les villes sont écrasées et les campagnes payent très-peu (1).

Tous les produits susceptibles de la petite culture et menus grains occupent trois hectares sur cent. Le produit n'étant pas suffisant, nous payons dix millions pour l'importation. Le dessèchement des marais et des vacans mis en culture pourraient diminuer cette dépense.

La culture du mûrier est en progrès; l'éducation des vers-à-soie a été perfectionnée et tout porte à croire que, sous peu d'années, nous pourrons nous passer des cinq cent mille kilogrammes de soie que nous tirons du Piémont.

La culture de l'olivier dans le midi est malheureusement très-casuelle. Les olives périssent souvent par les vers ou par une longue sécheresse, quelquefois même par la gelée. Aussi sommes-nous obligés d'importer de l'huile de l'étranger pour vingt-huit millions. La *média sativa*, plante qu'on vient d'introduire en France, pourrait avec une opération chimique fournir nos huiles de deu-

---

(1) Il y a dix ans que je proposai un mode d'impôt qui fut adopté par la commission centrale, présidée par M. le comte de Mosbourg; je n'ai pas connu les motifs qui se sont opposés à son adoption.

xième qualité. La colonie d'Alger peut aussi par la suite diminuer l'importation.

Le tabac que produit la France a, dit-on, besoin d'être mêlé avec une certaine quantité de tabac de la Virginie. Cette importation nous coûte trois millions. Pourquoi la chimie ne pourrait-elle pas trouver le moyen d'améliorer la qualité de notre tabac, et, en définitive, le climat de l'Algérie doit parfaitement convenir à cette culture.

Les lins et les chanvres exigent une importation de quatre millions. La France pourrait les produire; malheureusement nous n'avons pas encore adopté cette machine à filer le lin que l'Angleterre possède et avec laquelle elle inonde la France de fils d'une finesse extrême, qui ont fait un tort irréparable à nos fabriques de toile; de nombreuses réclamation ont été présentées aux chambres, mais sans succès. Est-ce en compensation des avantages dont nous font jouir nos bons amis, les anglais?

La vente des forêts royales a eu un triste résultat, les montagnes mises en culture sur des défrichemens de bois et semées en pommes de terre, ont bientôt perdu par les orages la terre végétale formée pendant les siècles par la chûte des feuilles; les sources ont diminué, les fabriques établies sur des cours d'eau ont souffert de la rareté de l'eau. Les bois de construction sont devenus rares et dans ce moment nous sommes obligés d'importer de la Russie pour vingt millions. Cette vente des forêts est d'autant plus à regreter que l'administration forestière, appuyée sur la dernière loi, s'occupe avec un grand zèle de l'administration des forêts; de nombreux semis de toute essence sont faits avec soin, la surveillance est d'une grande activité et tout fait espérer que les forêts qui nous restent acquerront une grande prospérité (1). L'esprit du siècle actuel n'est pas conservateur, aussi ne voit-on plus de ces antiques forêts où la marine trouvait de si grandes ressources. Le propriétaire, effrayé par les révolutions, n'ose plus conserver des bois de haute futaie et cependant il trouverait un avantage pour sa famille. Je ne sais si c'est Buffon ou un autre savant qui avait établi en principe qu'une forêt de cent hectares, que l'on éclaircirait chaque dix ans d'un dixième, la coupe de la cen-

(1) Je dois cependant dire qu'il existe, dans ce moment, un réglement fort rigoureux dans le droit de dépaissance des communes dans les forêts; il en résulte des suppressions de troupeaux.

tième année se trouvait valoir autant que toutes les coupes précédentes. Dans ces derniers temps M. Noirot-Bonnet, dans un traité remarquable sur les forêts, « est d'avis qu'a- » près soixante-quinze ans, il y avait perte » de retarder la coupe. » Au reste avec le morcellement, la conservation des bois de haute futaie est impossible.

SUBSISTANCES EN CÉRÉALES.

Nous récoltons dans ce moment les grains nécessaires à notre population de trente-trois millions. Mais quand cette population aura atteint au chiffre de cinquante millions, apparemment en 1880, pouvons-nous espérer qu'avec quarante-deux millions d'hectares cultivées en grains de toute espèce et avec la marche rapide du morcellement, notre agriculture puisse produire les grains nécessaires à notre subsistance?

Cette question est d'une grande importance.

Le ministre nous dit qu'en 1835 on a récolté deux cent quatre millions d'hectolitres; ce serait près de sept semences. La consommation a été de cent sept millions d'hectolitres auxquels il faut ajouter les trente millions d'hectolitres pour la semence, il reste d'après ce rapport soixante-sept millions d'excédant ou sept mois de subsistance : il est à présumer que ce chiffre comprend l'avoine et l'orge qui ne font pas partie essentielle de la nourriture de l'homme, ce qui doit diminuer les soixante-sept millions de l'excédant ; d'ailleurs ce produit de sept semences, en 1835, est nécessairement exagéré (1). Si cette réserve restait comme autrefois dans les greniers des grands propriétaires et des établissemens religieux, ou bien dans les magasins des négocians en grains, la France n'aurait aucune crainte à avoir pour ses subsistances et la population pourrait s'accroître sans inconvénient.

---

(1) Au reste, je ne connais rien de plus fautif que ces recensemens des récoltes. Le préfet le réclame au sous-préfet, celui-ci au maire. Comment fera ce pauvre maire ? il fait demander aux propriétaires ce qu'ils ont récolté ; ceux-ci souvent ne s'en rendent pas compte et s'ils le savent ils ne veulent pas dire la vérité. Le greffier fait son état à boule-vue, en se conformant aux désirs du maire, de porter le chiffre aussi bas que possible, afin qu'on ne soit pas tenté d'augmenter les impositions en les croyant riches.

Pendant que j'ai eu l'honneur d'administrer la ville de Castres, je n'ai pu parvenir à connaître le montant des récoltes.

Mais il n'en est pas ainsi, l'excédant de nos besoins en blé est expédié dans l'étranger, et comme le blé est à bas prix, surtout en Bretagne, dans les bonnes années, les spéculateurs anglais achètent les grains à treize et quatorze francs, le mettent en magasin jusqu'au moment qu'une mauvaise récolte en France leur permette de venir nous le revendre à vingt-cinq francs. En France aucune spéculation de ce genre ne peut s'établir. A la moindre cherté du blé, le peuple crie à l'accapareur, des insurrections se déclarent et c'est ce que redoute le plus le gouvernement : on en a vu des exemples, en 1839, à la Rochelle et au Mans.

C'est donc à un meilleur système de culture qu'il faut demander les produits qui nous sont nécessaires, et c'est encore aux chiffres qu'il faut avoir recours.

On a vu plus haut que nous semons chaque année à peu près quinze millions d'hectares de blé, produisant cent quarante-huit millions d'hectolitres.

Je proposerais de réduire à douze millions d'hectares la semence de chaque année, et de cultiver en prairies et pâturages les trois millions d'hectares que nous allons économiser.

Il me paraît évident qu'avec trois millions

d'hectares de plus que les trois millions actuels en prairie, nous pourrons nourrir le double de bétail que celui que nous élevons; par conséquent nous aurons le double d'engrais et nos douze millions d'hectares en blé, au lieu de donner de cinq à six semences, en donneront sept et même huit. Nous n'aurions plus à importer des bestiaux de l'étranger, et nous pourrions expédier l'excédant de nos besoins dans l'Algérie, et nous aurons pour résultat

Que quinze millions d'hectares en blé ne donnant que cent quarante-huit millions d'hectolitres, en n'en semant que douze millions, mais bien fumés, nous aurons cent soixante-huit millions d'hectolitres, en ne portant qu'à sept semences le produit de la culture perfectionnée, qui aurait dû être, comme en Angleterre, de dix. J'ai fait la part du climat et de l'effet du morcellement sur les produits. (1)

---

(1) Nous avons un adage qui nous dit : « Tant » vaut l'homme, tant vaut la terre. » En voici un exemple : M. le comte de Villèle, qui a administré les finances avec tant de talent, est venu demander à l'agriculture bonheur et repos. Apportant dans son système de culture cet esprit d'ordre et de détail qui le distingue, il est parvenu à faire produire, à peu près chaque année, neuf à dix semences, et cela dans un fonds que l'on ne peut pas comparer aux fonds de première qualité des bords du canal du midi.

LOI SUR LES CÉRÉALES.

SANS nul doute, la France ne pourrait adopter le même système qui régit en Angleterre le commerce des grains. Il faut de la sagesse dans les mesures à prendre; mais du moins devrait-on trouver le moyen d'empêcher les abus qui existent. Lorsque le blé a atteint telle limite, l'importation est suspendue et tous les blés étrangers entrent. Ceux d'Odessa, dont le prix de revient, à Marseille, est peu élevé, est déposé dans les magasins de l'entrepôt. Le blé augmente de prix, mais il peut rester stationnaire et donner le moyen aux propriétaires français de l'intérieur de profiter de ce bon prix. Qu'arrivera-t-il dans cette position? Les négocians propriétaires des blés à l'entrepôt se réuniront pour opérer une hausse factice, le prix du blé atteindra au taux fixé et l'importation sera permise. Aussitôt tous les blés de l'entrepôt entrent dans Marseille, en grande masse, et malgré la baisse qu'elle procurera ils feront des bénéfices immenses, et ruineront les marchands de Toulouse et de la Gascogne qui avaient calculé sur un prix stable.

Avec des benéfices si considérables, vous pouvez doubler, tripler vos douanes, établir même des cordons de troupes. Vous n'empêcherez pas la contrebande, la clé d'or ouvrira toutes les portes; un numéraire immense sortira du royaume et ce même argent en circulant dans toutes les branches de l'industrie et du commerce, en auraient assuré la prospérité.

Peut-être serait-il possible de prouver que l'importation des blés d'Odessa, considérée comme une ressource en cas d'une mauvaise récolte, est non seulement préjudiciable aux intérêts de l'état et à la prospérité de l'agriculture, mais qu'elle ne produit pas le bien qu'on veut en espérer : nous allons avoir recours aux rapports officiels.

Le ministre nous dit que, pendant les dix-huit dernières années, l'importation des grains et légumes a surpassé l'exportation de sept cent quarante-trois mille hectolitres, et comme la consommation journalière de la France est de quatre cent vingt-et-un mille hectolitres, il s'en suit que l'importation moyenne n'a procuré à la France que la nourriture d'un jour et deux tiers, et cependant, par son effet moral, elle a nui extrêmement à l'agriculture et aux industries. Ce n'est pas là que sont les moyens de salut, mais bien en encourageant l'agriculture, en créant des fermes expérimentales qui indiqueraient le meilleur système de culture, en augmentant le produit en fourrage, en entretenant plus de bestiaux, en fumant fortement nos terres qui produiront alors plus de blé, les cent millions que nous payons pour les importations des produits agricoles, circuleraient dans toutes les industries, et c'est alors que l'on sentira la vérité de ce grand principe.

La richesse des particuliers fait la richesse des états.

D'après des recherches faites par un publiciste anglais, on peut se fixer sur les frais de transport du blé en Angleterre. Ainsi

ACHAT.			FRAIS de TRANSPORT.		PRIX du BLÉ.	
	f.	c.	f.	c.	f.	c.
De France à	18	50	4	9	22	59
D'Odessa. . .	11	58	7	33	18	91
Hambourg. .	11	50	3	40	15	00
Dantzick. .	16	12	4	37	20	47
D'Amérique.	15	72	4	84	20	26
Trieste. . .	14	80	6	69	21	50

Si le sucre, comme le prétendent les anglais, est un signe de *confort* de la population, il peut être curieux de connaître qu'elle en est la consommation dans les divers royaumes.

En Angleterre chaque tête d'habitans consomme . . . . 12 kil. 500 g.

La nouvelle Angleterre. .	9	500
L'Espagne.	3	750
La France.	3	000
L'Irlande.	2	500

La France consomme dans ce moment cent mille kilogrammes de sucre. Cette consommation étant dans une progression rapide, il faut calculer que nous aurons bientôt besoin de trois cent mille kilogrammes de sucre. Nos colonies en fournissent quatre-vingts mille, la France dans le moment actuel quarante - quatre mille : ce sont donc cent cinquante à cent soixante mille kilogrammes qu'il faudra produire en France.

Veut-on une nouvelle preuve de la nécessité d'organiser notre système agricole sur d'autres bases? Comparons quelques résultats de l'agriculture anglaise avec la nôtre.

Dans vingt-cinq ans, les produits en grains ont augmenté, en Angleterre, de six semences à douze.

En France nous sommes parvenus à six semences.

Le poids des bêtes à cornes anglaises a augmenté de deux cent cinquante à quatre cent vingt-cinq kilogrammes, terme moyen.

En France le poids de nos bœufs était, en 1789, de deux cent vingt-huit kilogrammes.

Et, en 1812, il n'a été, terme moyen, que de cent soixante-quinze.

Les bêtes à laine, en Angleterre, ont acquis une augmentation en poids de vingt-cinq à quarante-deux kilogrammes.

Les nôtres, en 1789, pesaient dix-neuf kilogrammes et quart.

En 1812 dix-sept kilogrammes et demi.

Les produits en laine ont augmenté, en Angleterre, de trente-trois millions à cent quinze, et le nôtre est resté stationnaire à trente-six millions.

Ces diverses augmentations expliquent la différence qu'il y a dans la nourriture des deux peuples. Ainsi les anglais consomment en moyenne cent dix kilogrammes de viande, et les français seulement huit.

PROJET

D'UNE

FERME EXPÉRIMENTALE,

OU

ÉCOLE PRATIQUE D'AGRICULTURE

A ÉTABLIR

A CASTRES (TARN),

SOUS LA DIRECTION D'UNE ASSOCIATION FORMÉE PAR DES MEMBRES DU COMICE.

L'ASSOCIATION serait formée de trente membres du comice payant chacun, la première année, cinquante francs qui leur seraient remboursés au bout de la cinquième année, mais sans intérêt.

Cette société serait dirigée par un conseil de trois membres élus par la société.

Il y aurait six inspecteurs chargés, à tour de rôle, de visiter et surveiller la ferme.

Le premier dimanche de chaque mois, le conseil se réunirait pour entendre le rapport de l'inspecteur de service, il arrêterait les comptes.

Le conseil choisirait le directeur pratique

de la ferme parmi les élèves de Rovile, de Grignon, etc. Ce directeur aurait un traitement fixe de douze cents francs et cinq pour cent des bénéfices qui pourraient y avoir.

Les membres de l'association auraient le privilège d'acheter des produits de l'établissement qui seraient dans le cas d'être vendus.

Sur les six élèves qui seraient reçus à la ferme, il y en aurait trois qui pourraient être présentés par les membres de l'association.

Les six élèves seraient nourris dans la ferme, mais ne recevraient aucun traitement. Ils seraient tenus de faire tous les travaux d'agriculture ordonnés par le directeur. Ils devraient savoir lire et écrire : leur séjour dans la ferme serait de quatre ans.

RÉGLEMENT DE CULTURE.

La société affermerait aux portes de Castres un petit domaine de quarante-cinq à cinquante hectares, composé de plusieurs variétés de terre. Le bail serait de neuf ans, mais avec la condition qu'il serait résilié si les chambres et le conseil général, qui ne peuvent voter que des fonds chaque année, ne voulaient pas continuer la subvention nécessaire.

ARTICLE 1.

Les terres arables seraient divisées en trois parties.

PREMIÈRE PARTIE.

La première serait destinée à la culture de six espèces de blé provenant du midi, du nord et de l'étranger. Ils seraient semés sur des planches de même contenance.

Les semailles auraient lieu comparativement

A la main.
Au semoir Hugues.
A la herse.
Avec l'extirpateur.

Le produit de chaque espèce de blé serait mis à part, dépiqué de même et on tiendrait un compte exact des résultats.

Le battage des grains aurait lieu

Avec le fléau.
— Un haras de chevaux.
— Le rouleau en bois.
— Le rouleau en pierre.
— La batteuse avec des chevaux.
— La petite batteuse à la main.

DEUXIÈME PARTIE.

La deuxième partie serait réservée à la culture de toutes les espèces de fourrages connus dans le pays et de ceux qu'on croirait susceptibles d'être cultivés. Les contenances étant égales, les produits seraient comparés, et les graines mises à part pour en fournir aux propriétaires.

On essayerait les divers modes de sécher ces fourrages.

TROISIÈME PARTIE.

La troisième partie serait consacrée à la culture des récoltes sarclées, semées au printemps, telle que

Le maïs de plusieurs espèces;
La betterave champêtre;
Les haricots et autres légumes;
Les vesces pour graine.

ARTICLE 2.

Engrais.

Les fumiers sortis des étables seraient déposés dans un trou d'une assez grande étendue, n'ayant que trente-deux centimètres cinq millimètres de profondeur. A côté, dans le même sens, il y en aurait un autre, et au milieu de la séparation on construirait une petite citerne où se ramasserait le purin des deux trous de fumier. Dans l'été on arroserait les tas de fumier avec ce purin au moyen d'une petite pompe, on essayerait l'engrais Jauffret et les engrais en poudre nécessaires pour la culture à raies. (1)

La chaux comme engrais pour les céréales serait essayée en proportion progressive de deux mille à cinq mille kilogrammes par cinquante ares.

Des essais comparatifs auraient lieu sur l'enfouissement des fourrages vers, tels que les vesces noires, le seigle, les fèves, le sarrazin et le lupin.

Le défoncement des terres serait essayé comparativement entre ma méthode, et les fortes charrues.

ARTICLE 3.

Journal.

Le journal de la ferme sera divisé en catégories. Les époques des semailles et des

(1) Tous les détails, pour la formation de ces divers engrais, se trouveront dans le nouveau manuel d'agriculture du sud-est qui sera publié incessamment.

récoltes notées exactement, ainsi que les accidens produits par de grandes variations de l'atmosphère, grêle, vent d'autan, sécheresse et les époques.

Chaque branche de produit aurait son compte en partie double, afin de signaler la culture la plus productive en revenu net.

Il en sera de même de l'engraissement de tous les bestiaux, cochons, volailles. Au moyen de ces essais les propriétaires sauraient que, quand le maïs est à tel prix, il y a avantage à engraisser, de même pour les bestiaux, selon la valeur des fourrages.

ARTICLE 4.

Vignes.

Une contenance d'un hectare serait employée à la plantation d'une vigne divisée en huit parties. Dans chacune serait planté des cépages de la Champagne, la Bourgogne, les côtes du Rhône, le Bas-Languedoc, le Roussillon et Bordeaux; une partie serait plantée en cépages blancs de Sauternes, Bourgogne et Champagne. Quand la vigne serait à même de produire, la société ferait venir un vigneron habile qui pût former des élèves pour la taille des vignes.

ARTICLE 5.

Amélioration des bestiaux.

Il y aurait sur l'établissement cinq paires de bœufs de travail, dont trois du pays et deux de la race d'Agen, deux paires de vaches et un taureau venus de l'étranger destinés à la reproduction : les produits ne pourraient être vendus qu'à l'âge de trois ans : la vente aurait lieu aux enchères. Les taureaux pourraient être employés pour la saillie des vaches de la plus belle espèce.

Il en serait de même pour l'amélioration des troupeaux ; il y aurait dans la ferme quatre béliers et huit brebis de race saxonne, acclimatés déjà dans le Gers.

La quantité et la finesse des laines seraient constatées par des fabricans.

On ferait venir d'*Arfons*, dans la montagne noire, vingt brebis afin de produire de la laine métisée de la première qualité.

On établirait un verrat et deux truies de la plus belle espèce, afin d'améliorer la race.

On ferait un essai des cochons cochinchinois comparativement avec les cochons du pays.

L'établissement se procurerait un baudet de race espagnole, de haute taille, pour améliorer la race des mules.

Enfin l'établissement solliciterait du gouvernement le dépôt des étalons pour la monte de chaque année, seulement pendant le temps de sa durée.

ARTICLE 6.

Outils et Machines.

Le conseil supérieur ferait venir les outils et machines recommandés par les sociétés d'agriculture et par les comices. Des essais comparatifs auraient lieu et quand l'expérience en aurait démontré les avantages, les ouvriers attachés à l'établissement en confectionneraient de semblables au prix fixé par le directeur.

ARTICLE 7.

Cours d'agriculture pratique.

Une fois par semaine, à heure fixe, le directeur de la ferme ferait un cours d'agriculture à la portée des élèves et des métayers qui se présenteraient : il ferait l'application de la théorie au terrain. A mesure de la mâturité des récoltes, il ferait observer aux spectateurs la supériorité de telle variété sur une autre, les effets de divers engrais et conclurait pour adopter l'espèce de grain qui aurait le mieux réussi et la qualité de l'engrais : il en serait de même de toutes les leçons, toujours l'expérience venant à l'appui de la théorie.

L'essai des nouveaux outils ou machines serait fait par les élèves de la ferme : les spectateurs seraient invités à les essayer.

Il est facile de voir que les agriculteurs de toutes les classes, pouvant juger par eux-mêmes des avantages de telle culture et de telle machine, seraient bien plus portés à les adopter que s'ils n'en avaient eu connaissance que par des ouvrages d'agriculture. Le paysan est de sa nature très-défiant, il faut le convaincre plutôt par ses yeux que par le raisonnement, et c'est en cela que les fermes d'expérience pourraient rendre un grand service à l'agriculture.

ARTICLE 8.

Concours annuel.

Chaque année il y aurait un concours où l'on ferait l'essai des outils aratoires et machines. Les propriétaires qui présenteraient les outils qui fonctionneraient le mieux recevraient une récompense.

Il en serait de même pour le concours des bêtes bovines, des béliers, brebis, finesse de la laine.

Pour le plus beau verrat et la plus belle truie.

Pour la pouliche et poulin, agés de quatre ans, et d'une taille fixée par le programme.

Tout propriétaire qui aurait adopté sur son domaine la culture perfectionnée, suivie dans la ferme expérimentale, aurait droit à une récompense et son nom serait cité dans le rapport général.

ARTICLE 9.

Comptabilité.

Chaque mois dans l'après-midi du dimanche, à heure fixe, il y aurait un cours de comptabilité, le plus simple, à la portée des petits propriétaires.

Les six élèves seront tenus d'y assister.

ARTICLE 10.

Compte-rendu.

Chaque année, au premier janvier, le conseil supérieur ferait imprimer le compte des recettes et dépenses de la ferme. Ce compte indiquerait les succès obtenus, soit dans les récoltes, soit dans les nouveaux outils que l'on auraient fait venir de l'étranger.

ARTICLE 11.

Moyens d'exécution.

Pour bien convaincre le gouvernement de la facilité des moyens d'exécution de cette utile création, je vais présenter l'aperçu de la dépense nécessaire.

Je dois observer que la première année sera grevée d'une dépense qui ne se présentera pas les années suivantes.

Tel que le mobilier de la ferme.

L'achat du bétail de toute espèce, soit du pays, soit venu de l'étranger.

Des outils, machines, graines, etc.

DÉPENSE ANNUELLE.

Loyer d'un domaine de quarante-cinq à cinquante hectares, avec bâtimens convenables et logement.	4,500 f.
Directeur.	1,200
Gages et nourriture de trois hommes.	800
Une ménagère nourrie. . . .	400
Une servante.	300
Journées de l'année.	1,500
A reporter.	8,700

Report.	8,700 fr.
Nourriture de six élèves. .	900
Artiste vétérinaire.	300
Semences de tout genre. . .	600
Impôt et assurance.	400
Charron, forgeron, fer, pour entretien.	500
Bois et huile de la ferme.	500
Chaux, plâtre, fumier acheté.	700
Vigneron et nourriture. . . .	500
Achats d'outils et machines.	500
Mortalité et frais imprévus. .	1,000
Primes à accorder.	600
TOTAL. . . .	15,200 fr.

DÉPENSE EXTRAORDINAIRE

DE

LA PREMIÈRE ANNÉE

DONT UNE PARTIE SE RETROUVERA A LA FIN DU BAIL.

Mobilier et réparations nécessaires.	2,000 f.
Outils aratoires, machines. .	1,200
Achat de quatre béliers et huit brebis de Saxe.	700
Taureaux et vaches étrangers.	1,000
A reporter.	4,900

Report	4,900 fr.
Baudet espagnol.	800
Verrat et truies.	300
Paille et fourrage de la première année.	1,000
Dépense extraordinaire. .	7,000
Dépense ordinaire. . . .	15,200
Total de la première année.	22,200
Pour les seize fermes. . .	355,200

RESSOURCES.

Cotisation de l'association pour la première année.	1,500	7,000
A prendre sur les fonds votés par les chambres.	5,500	

POUR LES ANNÉES SUIVANTES.

Vote annuel du conseil général. . . .	1,500	15,200
Sur les fonds des chambres.	13,700	
TOTAL. . . .		22,200

Le gouvernement fournirait par année.	13,700
Et le conseil général.	1,500

La dépense totale du gouvernement serait donc, pour la première année, pour seize fermes d'expérience. . . . . 331,200 fr.

Et pour les années suivantes de. 219,200

Sans entrer dans tous les détails des recettes de l'établissement, je croirais, d'après l'aperçu que j'ai fait, qu'on pourrait retirer de cinq à six mille francs de revenu brut. Ce serait le tiers net de la dépense; mais du moins il y aurait avantage positif; en effet les chambres ont voté, deux années consécutives, huit cent mille francs : il n'en est résulté aucun bénéfice ou revenu.

Voyons ceux que produiraient les seize fermes d'expérience.

RÉSULTATS.

Connaissance positive des espèces de blé qui conviennent à chaque région de la France.

De même des fourrages artificiels.

De la formation des engrais.

De l'amélioration des laines.

Des bêtes bovines.

Des troupeaux.

Des cochons.

Des mules.

Perfectionnement des outils aratoires.

Instruction pratique des cultivateurs.

Formation d'hommes d'affaires et de fermiers.

Amélioration de la culture de la vigne.

Comptabilité agricole.

Si au lieu de seize fermes d'expérience, le gouvernement parvient à les doubler, tripler même, il aura résolu le grand problème d'indiquer à chaque région, à chaque département, le meilleur système de culture qui convient le mieux à la qualité de leur terre, et il doit résulter de l'adoption d'un système ayant pour lui l'expérience de dix années, une augmentation considérable dans les produits agricoles, et plus en rapport avec l'accroissement de la population.

Quel que fût le produit net de chaque ferme d'expérience, ce revenu serait employé en agrandissement de la ferme, achat de nouvelles machines, achat de bestiaux et autres améliorations.

COMMERCE.

Nous ne sommes plus au temps où la France imposait à l'Europe les produits de ses fabriques. Après nos désastres, toutes les puissances voulurent profiter de la découverte des machines, en employant les matières premières du sol. De là est venu ce système rigoureux des douanes établies en Prusse, en Allemagne et en Italie.

La France privée des débouchés sur le continent, n'ayant que quelques colonies qui tendent à l'indépendance, ne peut ni exporter, ni consommer le produit de ses fabriques : un tel état de choses ne peut exister sans compromettre notre avenir.

Établissons le principe que la véritable richesse d'un état consiste à consommer et à fabriquer les produits de son sol.

Si nous importons de l'étranger une valeur de marchandises au-dessus de celle que nous exportons, il y a perte positive.

C'est malheureusement notre position.

Dans un rapport de M. de Saint-Criq, en 1820, et dans un rapport de M. de Vauxblanc, on trouve

Que le commerce avec l'Inde a donné une perte de onze millions.

Celui avec le Brésil. . . . . de quatre.

Avec la Havane. . . . . de neuf.

Et avec l'Angleterre en 1821
et 1822. . . . . quatre-vingt-et-un.

Cette perte si extraordinaire doit être attribuée à la contrebande, dont le système est si bien organisé, que les frais d'assurance ne sont que de 10 p. 0/0. Elle est si active que, dans un mémoire des fabricans de Lille, ils citent que sur cent mille pièces de nankin venues de l'Angleterre, il n'y en a pas deux mille qui paient les droits. De plus, des renseignemens positifs prouvent que sur mille opérations de contrebande, il n'y en a que cinq ou six qui ne réussissent pas, et en résultat la moitié des consommations du royaume, en étoffes de coton, est fournie par les marchandises anglaises; ce qui le prouve, c'est que le service des douanes n'a produit que quatre cent mille francs de saisies, en 1826.

Trouver le moyen d'organiser le service des douanes, de manière à diminuer la contrebande, serait un grand encouragement pour nos fabriques : la Prusse peut nous servir d'exemple à cet égard.

Comme on vient de le voir, la balance de notre commerce maritime, avec l'étranger, présente une perte de cent cinq millions; il faut y ajouter les cent millions pour l'importation des produits que devrait fournir notre agriculture, tels que bestiaux, chevaux, laine, soie, huile et bois.

Voilà une grande perte qui se renouvelle chaque année. Mais comment remédier au mal ?

J'ose croire qu'on le pourrait, en demandant à l'agriculture, par les encouragemens que j'ai énoncés plus haut, de fournir à nos fabriques les objets nécessaires que peut produire le sol, et pour les denrées coloniales, en faire la culture principale de l'Algérie.

On a vu plus haut que l'agriculture anglaise avait augmenté les produits en laine considérablement ; nous au contraire nous ne récoltons que demi - kilogramme de laine par individu, par l'effet du morcellement de la propriété ; il y a donc insuffisance positive et obligation d'avoir recours aux laines étrangères : c'est ce qui avait lieu avec un léger droit d'entrée. Les propriétaires du nord, entretenant à grands frais des troupeaux mérinos nombreux, se plaignirent que le prix de vente de leurs laines n'était pas en proportion avee les frais d'entretien, et citaient à l'appui M. le Vicomte de Polignac, dont la dépense annuelle de ses moutons se portait à dix francs par tête, et celle des brebis à dix-sept francs (1). Le ministère

(1) Heureusement qu'il n'en est pas de même pour

cédant à leurs réclamations établit un droit progressif, qui fut porté jusqu'à 33 p. 0/0. Si nous eussions produit la laine nécessaire à nos fabriques, c'eût été une mesure sage; mais comme les besoins des fabriques exigeaient le recours à l'étranger, il fallut, malgré le droit énorme, importer à peu près cinq millions de kilogrammes de laine étrangère, comme on le faisait auparavant. Le fabricant supportant cette hausse dans la laine se plaignit; alors le ministère crut tout arranger, en faisant voter aux Chambres une prime de sortie pour les draps qui seraient exportés : je crois que cette prime se montait à quatorze millions : c'était un dédommagement du droit de 33 p. 0/0. Qu'en arriva-t-il ? C'est que toutes les fabriques du

nous dans le midi. Les propriétaires de troupeaux mérinos, tels que ceux de mon honorable ami, M. de Mac-Mahon, dont l'agriculture déplore la perte et à qui nous devons un bon système pour l'*éducation* des troupeaux mérinos, calculait que la dépense d'une bête à laine fine exigeait cinquante kilog. de luzerne sèche (2 fr. 50 c.). Si on avait des bois pour dépaissance et quelques prés, il est juste de dire que les hivers étant plus rigoureux dans le nord, les troupeaux restent plus à l'étable, et qu'il faut plus de fourrage; mais en calculant sur cent kilog., il y a loin pour atteindre à 17 fr.

royaume se ressentirent de ce droit, tandis que les primes ne profitèrent qu'aux fabriques du nord, plus à portée que le midi de ce commerce avec l'étranger : un habile fabricant du midi, M. Guibal, fut le seul qui essaya de profiter de ces primes, malgré toutes les difficultés d'exécution.

Telle était notre situation, lorsque cette question fut soumise au grand conseil d'agriculture, du commerce et des manufactures, dont j'ai l'honneur d'être membre. Un rapport de la commission centrale, fait avec beaucoup de talent, établit que l'importation, après ce droit de 33 p. 0/0, a été à peu près la même chose; et ce qu'il y a de remarquable, c'est qu'à mesure qu'il y a eu hausse dans les droits d'entrée, il y a eu baisse dans le prix des laines.

Cette loi a eu une grande influence, nous dit le rapport sur plusieurs genres d'industries; c'est ainsi que les laines du levant, de Buénos-Ayres, de l'Égypte et de l'Afrique, devant supporter des droits énormes, on a vu s'écrouler successivement ces nombreuses fabriques de bonneterie et d'étoffes grossières qui s'exportaient dans le levant et en Italie. Marseille seule en a vu détruire treize qui employaient quinze mille ouvriers.

Il est résulté de ce système du droit d'entrée très-élevé, que les laines dans l'étranger ont baissées beaucoup, que les anglais et les belges ont pu fabriquer à meilleur marché que nous, et nous avons été évincés des pays que nous étions en possession de pourvoir de tous les temps.

En France, le fabricant payant le droit de 33 p. 0/0 a été obligé de hausser le prix de ses draps, et il y a eu moins de consommation.

Ce n'est pas la laine mérinos française qui manquera à nos manufactures, mais bien des qualités que nous n'avons pas. La laine de France ne possède pas toutes les qualités nécessaires à nos fabriques ; les laines de Saxe sont indispensables ; celle d'Espagne est nerveuse, mais dure ; celle d'Allemagne plus soyeuse est trop molle : toutes ces laines doivent se prêter un mutuel appui, et c'est de leur combinaison que le fabricant tire les plus heureux effets.

La commission centrale a observé que ce droit de 33 p. 0/0 a amené un système de représailles, qui s'est manifesté soit par une prohibition absolue, soit par des droits énormes. C'est ainsi que le royaume de Naples a mis un droit de 10 fr. par un mètre vingt centimètres ; les états romains de 26 p. 0/0, et en Espagne, selon les provinces, de 46 à 64 p. 0/0. Nous avons même perdu pour la vente des laines importées, les acheteurs étrangers. Marseille en offre un triste exemple : cette ville recevait de tous les ports du levant à peu près trente mille balles de laine ; le Piémont, la Suisse, la Belgique, et même l'Amérique, venaient s'approvisionner de basses qualités. Ce commerce employait annuellement cent navires, et transportaient de vingt à vingt-cinq mille tonneaux : un grand nombre de nos fabriques prospéraient. Tout a été frappé de mort, nous dit le rapporteur ; car, pour l'industrie, l'inaction, c'est la mort.

L'erreur dans laquelle on est tombé et qui paraît toute naturelle, c'est qu'en haussant le prix d'entrée, on ferait hausser le prix de nos laines. Ce n'est pas ce qui est arrivé ; ce sont les besoins de consommation qui, donnant une grande activité aux fabriques, établit une concurrence entre les fabricans. C'est ainsi qu'après 1830, la consommation ayant diminué, la laine, malgré le droit de 33 p. 0/0, était à bas prix. En 1833, les besoins se firent sentir et la laine monta à un haut prix.

Faire consommer, toute la question est là, et, pour augmenter les consommations de tout genre, donner au propriétaire, le *grand consommateur de France*, le moyen de dépenser, en le soulageant des impôts énormes qui pèsent sur la propriété.

Mais enfin, tant qu'à être obligé d'établir un droit sur l'entrée des laines, mettez-le élevé pour les laines mérinos venant de l'Allemagne, beaucoup moins pour les laines d'Espagne. En exigeant la diminution de droits que ce royaume a établis sur nos objets d'échange, que ce droit du moins ne soit pas plus élevé que celui que paient les anglais; que les laines de basses qualités, et même les métis, ne paient que de légers droits, et alors nous pourrons consommer davantage, et nos fabriques prospéreront.

Si la France peut se suffire à elle-même, elle atteindra à ce haut point de puissance que sa position et le génie de ses habitans doivent lui assurer.

ALGÉRIE.

Les Anglais disent que nous n'entendons rien à coloniser, que nous ne savons pas attendre. En vérité ce qui est arrivé pour Alger semblerait confirmer l'opinion de nos *bons amis*.

Mais s'ensuit-il de ce qu'on a mal opéré, qu'il faille, par *dépit* ou par *crainte*, abandonner cette source de richesse et de puissance que la providence nous a accordée?

On a peine à concevoir qu'il puisse y avoir deux opinions sur la conservation de cette colonie. Les partisans de l'abandon calculent le nombre d'hommes et de millions que nous a coûté l'Algérie; mais je ne sache pas qu'en Angleterre on se soit accupé de faire un semblable calcul. Pour la conquête du Bengale, on trouverait le chiffre bien autrement élevé. Lorsque le colonel *Clive* forma le premier établissement à *Calçutta*, il ne prévoyait pas que ce simple comptoir deviendrait l'entrepôt d'un commerce immense, et que l'Angleterre acquerrait quarante millions de sujets. Huit cents lieues de côtes sur trois cents lieues de profondeur forment la superficie de cet empire. Trois mille anglais sont chargés de toutes les branches de l'administration; les forces militaires se composent de vingt-cinq mille anglais, de cent quarante mille indigènes, commandés par cinq mille officiers anglais.

Depuis quarante ans l'Angleterre suit avec une persévérance admirable, le plan de s'emparer du monopole du commerce des denrées coloniales. Elle se flatte, avec raison, que toutes les colonies européennes, livrées à l'anarchie par la liberté donnée aux nègres, ne pourrait plus fournir les produits en concurrence avec le Bengale.

C'est en prévoyant cette époque que la compagnie des Indes a fait planter dans ses vastes possessions de l'Inde, une quantité immense de mûriers qui fournissent déjà une grande partie de la soie nécessaire à leurs fabriques : en 1822 l'Inde fournit un million de soie.

L'indigo qu'elle a fait cultiver avec succès, peut fournir à la consommation de l'europe.

Le chanvre du Bengale rivalise avec celui de Russie et peut être livré à meilleur marché.

Le coton d'Asie est supérieur à celui d'Amérique, le café et le sucre ont parfaitement réussi dans les bons fonds.

Ainsi, le Bengale parvenu à un haut point de prospérité, précisément à l'époque où les colonies européennes, grâce à la philantropie anglaise, seront dans une décadence complète, le Bengale, dis-je, deviendra l'unique ressource de l'europe, pour les denrées coloniales, et l'Angleterre triomphante, enlacera, plus que jamais, l'univers

Les anglais attachent donc peu d'intérêt à leur colonie des Antilles, et cependant quelle sollicitude dans le discours de Lord Liverpool. « Rendons nos colonies *contentes*, » elles nous resteront attachées, et si même » elles voulaient nous quitter, notre perte » serait moins sensible. (1) »

Notre commerce maritime était donc menacé dans un avenir peu éloigné, lorsque la providence, qui protège cet antique royaume, nous accorda la conquête d'Alger. Dans le premier moment, et peut-être même à présent, on n'a pas senti l'importance de cette conquête.

Il eût fallu adopter un bon plan de colonisation, le confier à des personnes habiles et intègres, avoir une force militaire imposante, prévoir les besoins des soldats, sous un climat chaud et humide, rallier le plus possible les tribus amies, refouler celles qui se montreront hostiles, appeler par des encouragemens ces émigrations d'allemands et de suisses qui vont aux États-Unis : leur caractère froid et patient convient à de

(1) Je doute que Lord Chatam et M. Pitt eussent accordé aux colonies la facilité de *quitter* l'Angleterre si aisément, et le Bengale aussi aura quelques jours la volonté de *quitter* le joug britannique.

nouvelles colonies. Imiter la conduite des américains dans l'ouest, avançant lentement en formant derrière eux des établissemens agricoles protégés par des associations militaires, et refoulant ainsi la population indigène, ce serait alors que les colons tranquilles sur leur position pourraient se livrer, avec succès, à la culture des denrées coloniales. Notre commerce maritime devenu une sorte de cabotage à l'abri des croiseurs anglais, formera des matelots pour la marine militaire, et qu'on ne croie pas que ce commerce de cabotage soit peu important. Nous voyons dans le compte-rendu du ministre, sur le cabotage de la France, dans les deux mers, en 1838,

qu'il y a eu 89,521 navires employés.
307,425 matelots.
16,852,895 quintaux métriques transportés.

Malheureusement la côte dr l'Algérie n'a que des ports médiocres et aucune rade pour former le centre de notre commerce maritime. La rade d'Alger est dangereuse; il serait cependant possible de la rendre susceptible de mettre à l'abri un grand nombre de vaisseaux, en construisant à pierre perdue, une digue est et ouest dans le genre de celle de Plymouth et de Cherbourg. Cette construction offrirait moins de difficultés que dans la Manche, à cause de la marée qui monte jusqu'à quinze mètres, tandis que dans la méditerranée elle monte tout au plus de trois cent vingt-cinq millimètres.

Il existe cependant une rade et un pays qui conviendrait parfaitement à l'Algérie, ce serait la régence de Tunis et sa rade. *Mais* c'est au *temps* que nous devons demander cette importante acquisition : la dissolution de l'empire turc peut amener des circonstances d'échange ou de compensation qui nous permettraient de réunir la régence de Tunis à l'Algérie.

L'Angleterre si *indulgente* pour elle, quand il faut s'emparer sur toutes les mers des positions qui peuvent favoriser son commerce, est d'une grande susceptibilité, quand une autre puissance améliore sa position, par une simple acquisition ; elle est même effrayée d'un petit ilôt dans l'ile de Mahon. Avec une telle susceptibilité, il est bon d'examiner l'effet que pourrait avoir sur notre commerce et sur la colonie de l'Algérie, une guerre maritime avec l'Angleterre.

UNE GUERRE MARITIME ENTRE LA FRANCE ET L'ANGLETERRE EST PLUS A REDOUTER POUR L'ANGLETERRE QUE POUR LA FRANCE.

Ceci n'est pas un paradoxe, j'en appelle à nos braves marins. Cette question est d'autant plus importante que les partisans de l'abandon de cette colonie, mettent en avant qu'en cas de guerre nous ne pourrons plus communiquer avec l'Afrique. Ces craintes sont naturelles pour les personnes qui ne connaissent pas la marine; mais il sera facile de les rassurer.

La découverte de la vapeur, son emploi pour les vaisseaux et l'adoption des canons-bombes de l'invention de M. Paixhans doivent nécessairement apporter des grands changemens dans l'art de la guerre maritime, en rendant la supériorité du nombre de vaisseaux et de leur grosseur, d'une bien moindre influence dans les résultats.

On doit en conclure qu'une guerre maritime entre deux nations, dont l'une fait un grand commerce et l'autre fort peu, la supériorité, en force militaire, est peu importante, et qu'en définitive la paix devient nécessaire à la puissance qui fait le plus grand commerce. Voilà le principe : en voici la preuve.

En 1810, les États-Unis soutinrent une guerre de quatre ans avec l'Angleterre, la puissance de la vapeur était connue; mais sans application suivie à la guerre. Les américains n'avaient que quelques vaisseaux de ligne et des frégates de soixante canons, pour opposer aux forces maritimes des anglais. Ils comprirent de suite que le seul moyen de défense qu'ils avaient, était d'armer un nombre infini de corsaires. Ils ruinaient tellement le commerce anglais qu'ils obligèrent ceux-ci à faire la paix. Une guerre sans gloire à acquérir, et une perte immense dans leur commerce, convainquit le ministère anglais qu'ils jouaient un jeu de dupes.

Une guerre avec la France, faite sur un tel système, serait encore plus à redouter par l'Angleterre, puisque nous pourrions employer en *divisions-corsaires* plus de cent cinquante bâtiments de guerre et un grand nombre de corsaires armés par nos négocians.

Il est facile de voir que les chances de la guerre seraient en notre faveur, les anglais auraient à défendre leurs vingt mille vaisseaux de commerce, tandis que nous, n'ayant plus que le cabotage de nos côtes, nous n'aurions rien à perdre. On dira sans doute que l'Angleterre pourra, comme nous, armer des divisions supérieures aux nôtres et bloquer nos ports. Dans la dernière guerre sous l'empire, le blocus a rarement empêché la sortie de nos escadres; l'arrivée de Bonaparte en Égypte, malgré le temps perdu si impolitiquement à Malte, prouve que tous les calculs de blocus ont une infinité de chances contraires. Mais à présent avec le secours de la vapeur, une division, immédiatement après une tempête qui aura éloigné les vaisseaux ennemis, peut sortir en toute sûreté de nos ports.

Qui défendra le commerce anglais contre cette multitude de corsaires répandus sur toutes les mers? Il faudra former des convois. Si l'escorte n'est pas considérable, elle peut devenir la proie ainsi que le convoi d'une ou de deux divisions réunies : il faudra donc que l'Angleterre ait recours à des escadres pour escorter ses convois; mais des escadres dans toutes lesparties du globe? Quelle immense dépense et sans profit !

D'ailleurs il est rare qu'un convoi arrive en entier à sa destination ; des brumes, une tempête, quelquefois l'avidité des capitaines qui trouvent un grand bénéfice à arriver les premiers, dispersent le convoi qui est alors en danger d'être pris par nos divisions croisant aux attérages.

La mise d'enjeu des anglais serait formée de vingt mille vaisseaux transportant des valeurs pour deux milliards cinq cents millions. La nôtre, peu de gloire il est vrai, mais de grands bénéfices, et c'est quelque chose par le temps où nous sommes.

Comme je l'ai dit plus haut, la puissance de la vapeur va faire une révolution dans l'art de la guerre.

En me rappelant mes anciens jours, j'oserai proposer le système de guerre maritime que je regarde comme devant mieux convenir à notre position ; mais en se pénétrant bien que c'est au commerce anglais qu'il faut faire la guerre, nos marins auront, sans nul doute, de la peine à se résoudre à ne pas combattre à force égale, même contre des forces supérieures, et ce ne sera pas eux qui demanderont *combien sont-ils* ? Mais avec le système de guerre que nous devons adopter, il faut sacrifier la gloire au service de son pays.

Je propose de former quatorze *divisions corsaires* composées de deux vaisseaux de ligne, ayant huit caronades de boulets creux de cent vingt, deux frégates de soixante canons, avec des caronades sur le pont de quatre-vingts, et quatre frégates à vapeur armées de seize caronades de quatre-vingts.

Deux de ces divisions seraient placées à *Cherbourg*, pour exploiter la Manche et les côtes d'Angleterre.

Trois autres seraient stationnées à Brest. Une de ces divisions croiserait à dix lieues du cap *Cléar*, une autre aux environs de Madère, et l'autre sur les côtes du Portugal.

Deux divisions sur les côtes des Etats-Unis.

Deux autres aux Antilles.

Deux dans l'Inde.

Trois dans la Méditerranée.

Avec le plan que je propose, je croirais avantageux de remplacer nos gros vaisseaux à trois ponts par des vaisseaux à deux ponts de soixante à quatre-vingts canons, avec caronades de cent vingt. Ces vaisseaux auraient une marche plus rapide, manœuvreraient plus facilement, auraient un tirant d'eau moins considérable et coûteraient beaucoup moins : c'est surtout l'emploi des boulets creux de quatre-vingts et cent vingt qu'il faut multiplier sur nos vaisseaux. Pour bien se convaincre de ces avantages, je vais essayer de donner une idée de cette nouvelle artillerie proposée par M. Paixhans et dont nos vaisseaux peuvent tirer un grand parti.

Ces canons-bombes sont semblables aux canons ordinaires; mais susceptibles de lancer des bombes horizontalement comme on lance des boulets; il est facile de concevoir qu'une grosse bombe de quatre-vingts, cent, cent vingt et même de deux cents ébranlera les bords des vaisseaux et brisera les cordages. Si une de ces bombes s'arrête dans l'intérieur, en éclatant elle peut détruire entièrement le navire.

En 1811 le gouvernement ordonna un essai, on plaça en mer, à quinze cent quatre-vingt-dix-huit mètres cent quatre-vingts millimètres de distance, un bâtiment de dix-neuf mètres quatre cent quatre-vingt-huit millimètres de long, quatre mètres neuf cent soixante-douze millimètres de large et deux mètres cinq cent quatre-vingt-dix-neuf millimètres de hauteur. On tira sur ce bâtiment cent soixante-neuf gros boulets rouges, dont vingt-neuf portèrent dans le corps du bâtiment, et ce ne fut qu'après ce grand nombre de coups de canon que l'on parvint à couler bas le bâtiment.

Quelques jours après on remplaça le bâtiment et on tira dessus vingt-quatre obus de deux cent dix-sept millimètres; six portèrent dans le bâtiment: un seul avait éclaté dans les bordages et ce coup suffit pour le couler bas. Les dépenses de cette nouvelle artillerie serait moins considérable qu'on ne le croit, puisque des expériences faites à la *Fère*, en 1821, ont prouvé qu'on pouvait forer les canons de marine de trente-six, de manière à les rendre propres à lancer des boulets creux de quarante-huit.

Il y aurait de plus une grande économie pour la poudre, puisque trente milliers suffiraient, tandis qu'il en faut ordinairement soixante milliers en provisions.

La portée de ces canons-bombes est à peu près la mêms que celle des canons ordinaires.

En définitive, l'adoption de cette nouvelle artillerie amènera nécessairement le résultat qu'avec des armes dont les atteintes ont un si prodigieux effet; il ne sera plus nécessaire de tirer un si grand nombre de coups de canons et que les petits bâtiments pourront hardiment attaquer les gros vaisseaux, puisqu'un seul boulet peut couler bas un vaisseau de ligne : ce serait déjà beaucoup d'avoir acquis l'avantage de pouvoir soutenir une guerre maritime avec des vaisseaux d'une grandeur moyenne. (1)

---

(1) Voici un fait curieux. En 1690 M. Deschiens, officier français, avait établi sur son vaisseau, deux canons-bombes, il fut rencontré sur la côte d'Espa-

Appliquons ce système de guerre à la méditerranée à ce beau lac sur lequel, étant maîtres de l'Algérie, il ne devrait pas *se tirer un coup de canon sans la permission de la France.*

Les trois divisions-corsaires seraient établies l'une à Toulon, la seconde à Mahon et la troisième à Cagliari, en Sardaigne, ou à Palerme ou à *Tunis.*

Un grand convoi anglais, pour les ports du levant, après sa réunion à Gibraltar, entre dans la méditerranée sous l'escorte d'une escadre plus forte que nos trois divisions. Une de nos corvettes à vapeur d'une marche rapide stationnée à Algésiras surveille le départ du convoi, le capitaine reconnait la force des bâtiments de guerre et se dirige en toute hâte sur Mahon, delà il va prévenir les deux autres divisions réunies ou séparées; les divisions suivent ce convoi qui ne peut que

---

gne par quatre vaisseaux de ligne, anglais. Il parvient à se sauver, en incendiant deux vaisseaux et força les autres à s'éloigner : cette découverte importante fut entièrement oubliée. Combien d'exemples de belles découvertes, presque toutes dues à des français, et dont les anglais se sont emparés. Dans le nombre, la vaccine découverte par M. Chaptal le père, le moyen de la vapeur et une infinité d'autres, etc.

marcher lentement, et s'ils sont séparés par un coup de vent, les bâtiments marchands sont bien vîte capturés : c'est une guerre pour ainsi dire à la *cosaque* qu'il faut faire. Le retour du convoi offrira les mêmes dangers et alors quels en seraient les résultats? Pour l'Angleterre une grande dépense, des dangers à courir et peu de bénéfice pour le commerce (1). Nos relations ne peuvent être interrompues se trouvant protégées par nos *divisions corsaires.*

Je serais bien heureux si ces raisonnemens basés sur des faits pouvaient diminuer, dans l'opinion publique, les craintes que les désastres maritimes de la guerre de la révo-

(1) Je vais citer un fait de la guerre de l'indépendance qui prouvera les dangers que peuvent courir les convois, même sous l'escorte d'escadres; il est de principe que dans la navigation d'un convoi, l'escorte se tienne au vent du convoi pour être à portée de lui porter secours. Une escadre française allant aux Antilles avait sous son escorte un grand convoi ; dans la nuit le vent changea et l'escadre se trouva sous le vent du convoi. Le jour paraît, l'amiral Kempelfeld qui suivait le convoi pour profiter de quelque occasion, se trouve au vent et pour ainsi dire au milieu du convoi; il se presse d'amariner un grand nombre de bâtiments et s'éloigne promptement en tenant le vent.

lution et de l'empire ont laissé dans les esprits. On ne saurait trop se pénétrer de cette vérité, qu'en faisant la guerre au commerce anglais. On est à peu près certain d'imposer la paix, mais il faut que notre diplomatie en soit convaincue ; ayons confiance dans cette foule d'officiers de marine qui acquièrent chaque année plus de talent. Avec des commandans d'escadre tels que les amiraux que nous avons, on peut être tranquille sur la direction de nos divisions et sur leurs succès.

Je reviens à la colonisation de l'algérie. Par un système bien entendu, nous serons maîtres du littoral et de toutes les plaines jusqu'aux montagnes. *Carthage* est devenu le centre de notre puissance et cependant cela ne suffit pas ; il nous faut acquérir deux positions pour consolider notre puissance en Afrique. Les îles baléares où se trouve le magnifique port de Mahon et l'île de Malte, cette dernière position si rapprochée de Tunis doit nécessairement nous appartenir ou du moins devenir un port neutre en la réunissant au royaume de Naples : c'est ce qui serait si Bonaparte n'avait pas eu la fatale idée de s'emparer de Malte, en allant en Egypte. Comme fait de guerre, il y avait peu de gloire à enfoncer des portes ouvertes, et sous le point de vue politique, il était facile de voir que l'on faisait une conquête pour l'Angleterre. La vente de la Louisiane aux Etats-Unis et la prise de Malte sont deux grandes fautes politiques de cet homme extraordinaire.

La seule question à résoudre est celle-ci. Faut-il pour consolider notre puissance en Afrique, en acquerrant par des traités les positions qui nous sont nécessaires; faut-il courir les chances d'une guerre maritime? Je crois avoir prouvé qu'elle serait à redouter plutôt pour l'Angleterre que pour nous. Mais n'avons-nous pas pour nous le temps, et c'est aussi une puissance! Pendant la durée de nos troubles, l'Angleterre s'est agrandie par les conquêtes de nos colonies et des possessions hollandaises; il n'y a pas un point militaire dont ils ne se soient emparés; mais à leur tour n'ont-ils pas à craindre des révolutions; ils sont sur un volcan, la démocratie coule à pleins bords chez eux, et s'il survient une révolution elle sera terrible.

Je suis bien loin de désirer une pareille calamité, mais ce serait alors le tour de la France de s'emparer des positions que j'ai indiquées.

Les empires ne se fondent que lentement ; il a fallu cinquante ans de persévérance, de sacrifices d'hommes et d'argent et une grande habileté pour consolider la puissance anglaise dans l'Inde. Laissons au temps le moyen de fonder un établissement solide en Algérie ; je le répète, que ce ne soit ni par dépit, ni par avarice, et encore moins par *crainte* que nous abandonnions cette conquête si riche de l'avenir.

Il y a un si grand intérêt dans cette conservation surtout pour tout le midi et l'opinion est si fortement prononcée, qu'une majorité de quelques voix ne pourraient imposer à la France un abandon si impolitique. Les partisans de l'évacuation proposeront de conserver les points militaires du littoral ; mais comme il faudra une force considérable pour les garder et cela sans compensation par un commerce avec l'intérieur, nous trouvant bloqués par les arabes, la force des choses amènera l'évacuation totale de l'Algérie aux applaudissemens des anglais ; mais pour nous, nous ne pourrons pas dire *sauf l'honneur*.

Les anglais, dans la même position que nous, feraient trente ans la guerre, plutôt que de renoncer à ce nouveau Bengale.

Au reste je désire me tromper; si nous

abandonnons l'Algérie, ne soyez pas surpris que cette population arabe, aguerrie par nos guerres, ne devienne un repaire de corsaires plus dangereux qu'ils ne l'étaient, et nous verrons les anglais devenir leurs *fidèles amis*, se faire céder des positions commerciales, créer un débouché immense dans l'intérieur de l'Afrique pour leurs étoffes en coton. Maîtres des îles Ioniennes, de Malte, de quelques ports de l'Afrique et apparemment des îles Baléares, ils seront maîtres de tout le commerce de la méditerranée. Il y a loin de cette fatale position à celle où j'aurais désiré qu'on ne tirât pas, sur la méditerranée, un coup de canon sans la permission de la France.

Un ministre anglais disait en plein parlement : si nous étions justes envers la France, l'Angleterre ne pourrait exister long-temps. Avec quelle persévérance admirable ils ont été fidèles à ce principe ! Aussi je crains bien qu'au grand banquet politique qui se prépare en Turquie, les anglais ne nous fassent la part bien mince.

Timeo Danaos.

RÉSULTATS DU MORCELLEMENT SUR LA LONGÉVITÉ ET LA SITUATION DE LA SOCIÉTÉ.

Mon honorable ami, M. Rubichon, ancien négociant de Lyon, après un séjour de trente ans en Angleterre, a donné des détails curieux sur toutes les industries; il a réduit, à sa juste valeur, la puissance et la richesse de ce colosse aux pieds d'Argile, qu'il suffirait de ne pas craindre pour n'avoir rien à en redouter : tous les calculs qu'il vous donne sont appuyés sur des relevés officiels et sur des faits qui ont des rapports essentiels avec notre position.

M. Rubichon croit que l'on doit aux défrichemens qui ont eu lieu, et aux progrès de l'agriculture, une augmentation de longévité. Sous Louis XIV, avec vingt-et-un millions d'habitans, la vie moyenne était de vingt-six ans. En 1827, avec trente-deux millions d'âmes, elle est de trente-quatre ans.

Dans l'espace de quarante ans, le nombre des mariages est resté stationnaire, quoique la population se soit accrue d'un quart. Il s'ensuivrait que la longévité augmenterait le nombre des célibataires.

Une autre observation importante, c'est que de 1771 à 1780, chaque dix mariages ont produit quarante-trois enfans, et de 1817 à 1826 ils n'en ont donné que trente-neuf. D'après le relevé de l'académie des sciences, dans le dix-huitième siècle, l'âge moyen des femmes, au moment de leur mariage, était de vingt-quatre ans neuf mois; à présent il est de vingt-huit ans.

J'oserais croire qu'on pourrait expliquer cette différence par la position actuelle des femmes. Avant la révolution elles régnaient en souveraines dans la société; elles jugeaient sans appel le bon ton, les grâces, l'amabilité et les talens; elles devaient alors être très-empressées d'échanger l'ennui des couvens, pour leur part de souveraineté; mais à présent qu'elles ont abdiqué et qu'elles sont obligées d'adopter un genre de vie, bien respectable sans doute, mais bien ennuyeux, elles ne se pressent pas d'entrer dans une position où on ne leur permet pas la plus simple coquetterie, et où elles n'ont d'autres distractions que la toilette et le bonheur de respirer le parfum délicieux des cigares que nos jeunes gens leur apportent dans leurs visites.

Nous trouvons, dans la statistique donnée

par le gouvernement, qu'en 1836 l'état de la société française était formée

D'enfans des deux sexes jusqu'à 20 ans.		12,800,000 âm.
Femmes mariées depuis 20 ans.		5,760,000
Hommes mariés idem. .		5,760,000
Femmes célibataires. . .		3,810,000
Hommes célibataires de 20 à 25 ans.	1,006,000	3,840,000
De 25 à 40.	1,075,000	
De 40 à 50.	692,000	
De 50 à 60.	461,000	
De 60 à 80.	576,000	
Total de la population.		32,000,000 âm.

La France est donc surchargée de trois millions huit cent quarante mille célibataires. Ainsi, sur cent individus parvenus à l'âge viril, il y en a quarante qui ne peuvent se marier. Sous Louis XIV il n'y avait que trente célibataires sur cent, et à présent il y en a quarante. L'effet de la division de la propriété est tel que l'Angleterre et l'Autriche, pays de grande culture, n'ont que vingt-cinq célibataires sur cent; c'est une des grandes causes de la dissolution de la société. (1)

Je suis fatigué de cette anglomanie dont quelques français se font gloire ; ils citent avec complaisance le bonheur du peuple anglais, eh bien ! ce peuple travaille toute la journée dans une atmosphère de fumée de charbon, voyant rarement le soleil ; ils n'ont d'autre consolation que d'aller au cabaret le dimanche, boire de la bière qui les abrutit, tandis que le français du midi rit et chante en buvant son vin. Lorsque

---

(1) Je serais assez porté à croire que cette augmentation de célibataires tient au genre de société qui s'est établi dans les départemens. Il n'y a plus de grandes maisons qui reçoivent, les riches restent dans leur intérieur, les jeunes gens se réunissent dans des salons où ils jouissent de la plus grande liberté ; ils jouent à la bouillote, puis se réunissent pour fumer leur cigare. Là, enveloppés d'un nuage odorant, ils rient, causent et passent leur temps sans la moindre gêne. La ville de Castres en est un exemple. On trouverait peu de villes où les jeunes gens aient plus d'esprit, de tournure et de politesse ; des femmes plus jolies et plus aimables, car c'est bien de cette ville qu'on peut dire que l'esprit court les rues. Eh bien ! il y a un grand nombre de célibataires qui ne veulent pas échanger les plaisirs du salon contre le bonheur certain du mariage. Ils préfèrent un cigare à une femme. *O temps ! ô mœurs !*

le choléra parut à Londres le parlement institua un comité pour aller visiter les maisons de la classe ouvrière. Le rapport établit que dans le faubourg du sud on trouva, dans une chambre de quatre mètres huit cent soixante-douze millimètres de long sur trois mètres deux cent quarante-huit millimètres de large, vingt-quatre personnes couchées ; les femmes sur le plancher, et au-dessus deux étagères de cordes arrêtées d'un mur à l'autre à neuf cent soixante-quinze millimètres de hauteur, servaient de lit aux hommes.

Sur seize millions d'habitans, il y en a quatre qui sont réduits à une extrême misère. Sur onze hommes qui naissent, il y en a un qui doit aller certainement en prison. Quelle terrible loterie pour ce peuple qui se croit le premier du monde! Et puis la presse, le plus grand fléau dont un peuple puisse être frappé.

En Angleterre, il y a une grande inégalité d'existence entre les provinces, les particuliers et certaines époques. Ici il y a excès de richesses, là une détresse désespérante ; au lieu qu'en France, prenez les provinces, les particuliers, les diverses époques, il y a bien un certain état permanent de malaise, mais qui est encore supportable. D'après les registres anglais, il y a deux cent trente mille chevaux de luxe et par compensation quatre-vingt mille mandats d'arrestation pour dettes ; et la France, quoique le double plus peuplée, n'a pas même six mille chevaux de luxe, mais aussi les arrestations pour dettes ne vont pas à mille individus.

En Angleterre on calcule que les établissemens manufacturiers n'ont de durée moyenne que cinq ans. Faut-il être surpris si depuis dix ans cent mille chefs d'établissement ont fait faillite ? Que faut-il conclure de ces faits ? C'est qu'il vaut mieux être français qu'anglais, et cependant qu'il faut profiter de leur bon système d'agriculture, pour prévenir les dangers qui menacent notre belle France ; mais seulement point d'*anglomanie* ; ce mot n'est pas français.

NOTE

SUR

LES CANONS-BOMBES.

Pour bien faire apprécier les grands résultats que doit nécessairement amener l'adoption de cette artillerie nouvelle, je vais citer l'opinion des commissions de marine chargées de l'examen de ce nouveau système.

Les mortiers lançant des bombes de quatre-vingts ou de cent cinquante ne sont pas en usage dans les combats sur mer. Tombant verticalement, elles n'atteignent le but que rarement. Les bouches à feu, proposées par M. Paixhans, lancent les bombes horizontalement, même les plus grosses, avec force et justesse, comme des boulets de canon.

Voici quel fut le rapport de la commission : « le canon-bombe est de nature à produire un » effet prodigieux, qui peut amener de grands » changemens dans les forces navales, que » cette arme est terrible sans offrir plus de » difficultés que les canons ordinaires, qu'elle » sera d'une utilité incalculable pour les bat-

» teries des côtes, pour les chaloupes-canon-
» nières, les batteries flottantes et les bâteaux
» à vapeur, qu'elle peut être même adoptée
» sur les vaisseaux de ligne, mais en petite
» quantité. Supposons qu'il ne soit pas pru-
» dent d'armer les vaisseaux de ligne de ces
» canons-bombes, il faut examiner que,
» puisqu'ils peuvent servir sur les petits bâ-
» timents et les bâteaux à vapeur, quel en
» serait l'effet dans une épreuve maritime
» avec l'Angleterre. »

Les vaisseaux de ligne peuvent donc être détruits par des armes dont ils ne peuvent eux-mêmes faire usage, et on verra alors des bâtiments montés de peu d'hommes et construits à peu de frais, attaquer des vaisseaux de haut-bord, ayant huit cents hommes d'équipage. On dira le grand vaisseau écrasera de sa masse les navires plus petits ; mais pour les écraser il faut les atteindre, et avant, un seul boulet-bombe peut détruire le vaisseau. Dans ce combat d'artillerie, à grande distance, l'avantage est pour les petits bâtiments qui ne présentent que peu de surface. De plus, de fortes frégates armées de cette artillerie, en manœuvrant plus rapidement, auraient un grand avantage sur les vaisseaux de ligne. (1)

(1) Je ne connaissais pas les rapports des commis-

Il résulterait de ce changement dans l'attaque que les vaisseaux de ligne seront réduits ou abandonnés ; car ce n'est pas pour les armer que le canon-bombe a été fait, mais bien pour les détruire et il les détruit.

Il sera donc plus sage de renoncer aux gros vaisseaux à trois ponts, en présence d'une arme si énergique, de dépenser trois millions et d'employer huit cents hommes en trois bâtiments, qui auront la facilité de manœuvrer plus facilement, et de trouver plus aisément des ports de refuge ; ainsi la supériorité en nombre de vaisseaux n'existera plus et c'est déjà beaucoup.

On a vu dans les idées que j'ai émises que j'avais considéré les bâteaux à vapeur avec les canons-bombes, comme moyen d'attaque, comme remorqueur de grosses frégates armées avec la nouvelle artillerie.

Voyons l'opinion de la commission chargée d'examiner cette question. « On naviguera » sans dépendre des vents ; on combattra » sans exposer aux coups une mâture dont la

---

sions, quand j'ai indiqué le système de guerre maritime, tout à l'avantage de la France par la découverte de la vapeur et des canons-bombes. Je suis heureux de me trouver en rapport d'idée avec un homme de mérite comme M. Paixhans.

» chûte est souvent si dangereuse. Montrant » peu de voiles, on ne sera visible que de » près ; on exigera moins de tirante-d'eau, » et on pourra facilement se mettre à l'abri » sur des batteries de la côte : ces vaisseaux » exigeront beaucoup moins de marins, et » alors la supériorité de l'Angleterre, en » marins expérimentés, sera aussi annullée. »

On dira sans doute, les anglais auront comme nous des vaisseaux avec des canons-bombes et en plus grande quantité ; déjà on s'occupe au ministère anglais de cette grande question, dont ils sentent la portée. On trouve dans le Moning-Chronique du mois de mars de cette année que, « si une guerre » maritime venait à éclater, elle se ferait » par la vapeur ; les bâteaux armés avec ce » moteur devraient être aussi forts que possi- » ble. Ces bâteaux rendraient les plus grands » services, ils feraient disparaître de l'océan » tous les bâtiments marchands ennemis ; ce » seraient des tirailleurs qui iraient attaquer » jusques sur les côtes ennemies les bâtiments » qui se trouveraient à l'ancre, les pilleraient » et y mettraient le feu. Ainsi la marine an- » glaise aurait de puissants moyens de des- » truction. » Brave homme ! qui ne voit pas que ces raisonnemens sont entièrement en notre faveur, puisque nous n'avons que peu de bâtiments de commerce, et qu'ils en ont vingt mille, et c'est ainsi que se trouve confirmé le principe que j'ai émis, qu'une guerre maritime entre deux nations, dont une fait un très-grand commerce et l'autre presque pas, est entièrement à l'avantage de la puissance qui a peu à perdre et beaucoup à gagner. Ce principe, qui a été établi par la guerre des Américains avec l'Angleterre, a acquis depuis une plus grande importance par les bâteaux à vapeur.

Dans une semblable position, le ministère français doit prévoir l'avenir, il faut supprimer la construction des gros vaisseaux, ne construire que de grosses frégates : dans une partie de l'armement serait en canons-bombes. Construire un grand nombre de bâtiments à vapeur avec un fort échantiller, dresser des équipages, non seulement à la manœuvre, mais même à l'abordage; car il faut prévoir que le changement de système, surtout si on parvient à cuirasser les vaisseaux avec du fer, on s'en occupe en Angleterre, deviendra une guerre corps à corps, et on sait que, dans ce genre de guerre, les français sont plus habiles. Nous renouvellerions alors le système de guerre des Romains et des

Carthaginois, où les bons soldats avaient une si grande influence sur la victoire.

Puisse la génération qui s'avance, profitant de si grandes découvertes, voir un jour ce nouveau système de guerre, amener la destruction de la nouvelle Carthage !

Note

SUR

LES CHEMINS DE FER.

Le savant qui trouverait le moyen de doubler les produits du sol rendrait un plus grand service à son pays, que celui qui nous fera parcourir douze lieues par heure.

Comme il arrive presque toujours, on a exagéré l'importance de parcourir de grandes distances en peu de temps. Sans doute, pour le commerce il peut y avoir quelque occasion où il soit avantageux d'expédier des marchandises dans un court délai, ou bien de conclure un marché pressé. Dans ces cas on ne calcule pas sur l'augmentation des frais ; mais pour la généralité des objets fabriqués, avec la concurrence actuelle, l'économie des frais de transport est tout. Qu'il me soit permis de citer un fait qui fera même comprendre ma pensée.

L'année dernière, un de nos premiers ingénieurs, Monsieur B...., fit un voyage en Angleterre; il fut de Londres à Birminghan avec une rapidité extraordinaire ; à son arrivée, il fut visiter les plus grands établissemens. Dans un des plus considérables, l'anglais qui en était le propriétaire, en lui montrant une provision immense de coton, lui dit avec fierté qu'il avait fait venir ce coton par le chemin de fer, en peu d'heures. Notre ingénieur lui demanda depuis combien de temps ce coton était dans ses magasins? Depuis six mois, lui répondit l'anglais. Mais alors, Monsieur, permettez-moi, dit notre ingénieur, de vous observer que vous auriez trouvé de l'avantage à faire transporter ce coton d'une manière plus économique que par le chemin de fer : l'anglais siffla son *godem* obligé.

La véritable utilité des chemins de fer sera pour les transports, en temps de guerre; c'est alors qu'ils pourront rendre de grands services, en transportant des troupes avec rapidité sur des points éloignés. Un armement maritime peut aussi en tirer un grand parti par de prompts approvisionnemens.

On peut aussi, en cas de troubles intérieurs, prévenir les suites de l'insurrection par un prompt envoi de troupes. Que serait devenue la révolution de 1830, si les camps de Saint-Omer et de Lunéville eussent pu arriver en cinq à six heures à Paris? Mais comme il y a un inconvénient à côté d'un bien, avec cette facilité de transporter des troupes avec tant de rapidité, un despote peut détruire les libertés d'un pays. Avec des forts détachés et les chemins de fer dans un pays plat comme l'Angleterre, rien de plus facile que de soumettre les anglais au joug du despotisme.

Au reste, les frais d'entretien des chemins de fer, même en Angleterre où le charbon et le fer sont à moitié meilleur marché qu'en France, et où il y a un grand mouvement de transport (trois conditions de première nécessité pour établir les chemins de fer); les frais d'entretien laissent déjà peu de profits, pour celui de Londres à Birmingban, et cependant cette ville fait un commerce immense; elle fabrique avec cent dix machines à vapeur; elle peut fournir par mois dix mille fusils et deux millions d'épingles en une semaine, et les fabricans de plumes métalliques en confectionnent cent quinze millions par an : enfin un petit nombre d'enfans fabriquent, dans six heures, deux cent mille pièces de monnaie. (*Voir le voyage de M. Simond.*)

DU

SYSTÈME ÉLECTORAL

DANS L'INTÉRÊT DE L'AGRICULTURE.

> « L'homme qui fait croître un grain de blé dans des lieux incultes est plus estimable que cinquante hommes de guerre, quels que soient d'ailleurs la bravoure et les talens de ces derniers. »
>
> WIFL.

POURQUOI l'agriculture, cette première de nos industries, est-elle si peu représentée dans la chambre? C'est une de ces grandes questions vitales dont nos législateurs s'occupent fort peu; et cependant la prospérité de la France, peut-être même son avenir, tiennent à une réforme électorale, conséquence rapide de la prospérité.

Dans le journal le *Moniteur de la propriété*, qui défend les intérêts de l'agriculture avec beaucoup de talent, M. *Duvergier* a traité cette question sous un point de vue nouveau, et je me trouve heureux de me rencontrer avec lui dans les mêmes idées.

« En 1838, nous dit M. *Duvergier*, on » ne comptait sur quatre cent cinquante-» huit députés, que dix-sept propriétaires » sans professions et un *seul* agriculteur. Il » résulte de ce fait que vingt-quatre mil-» lions d'agriculteurs qui fournissent à l'exis-» tence de trente-trois millions d'individus » et produisant la majeure partie des objets » nécessaires à toutes les industries, n'ont, » pour ainsi dire, pas de représentants de » leurs intérêts dans la chambre : c'est le » résultat le plus extraordinaire des institu-» tions constitutionnelles qui nous régis-» sent. »

Je vais tâcher d'indiquer les causes et d'en présenter les résultats.

La cause première est le morcellement de la propriété ; en effet, la propriété se divisant de plus en plus et la propriété industrielle et mobilière des villes restant à peu près les mêmes, étant de sa nature plus difficile à partager, il s'ensuit qu'avec le cens électoral de deux cents francs, les électeurs des villes sont en majorité dans les colléges, quoiqu'ils ne représentent que le tiers de la population ; mais comme ils sont plus actifs, plus influens par leurs relations, ils disposent presque partout des suffrages. D'ailleurs par leur genre d'industries, ils exercent une sorte d'influence sur le gouvernement, les avocats par l'éloquence de la tribune devenue une puissance, les banquiers par les finances et les industriels par l'influence qu'ils exercent sur la population qui dépend d'eux.

Aussi on les retrouve dans toutes les fabrications des ministères.

Nous avons vu dernièrement un habile fabricant devenir ministre du commerce; c'était bien. Mais en même temps on le faisait ministre de l'agriculture, c'était mal. Quel rapport pouvait-il y avoir entre l'art de fabriquer des draps et l'art si difficile de l'agriculture? Le premier a ses règles positives; le second est sujet à des accidens de toute nature.

Les industriels, en parvenant au pouvoir, ont dû favoriser toutes les branches industrielles, et en se faisant craindre du gouvernement, ils ont acquis une importance qui a annulé l'agriculture.

Le petit propriétaire, heureux dans sa retraite, occupé des soins continuels qui l'intéressent, sans ambition, n'a pas le temps, ni le goût des intrigues électorales; il faut, pour ainsi dire, aller le chercher pour le mener aux élections. S'il s'y rend, il est de suite sous la direction du notaire, de l'avocat, des chefs de fabriques avec lesquels il a des relations d'affaires. L'influence du grand propriétaire, son voisin, est nulle. Si c'est un noble, on lui dira, c'est un brave homme; mais n'en doutez pas il votera le rétablissement des droits féodaux. Si on craint sur lui l'ascendant du clergé, on lui dira, prenez-y garde, et on lui persuadera facilement que ce que désire le plus, son bon curé, c'est de voir rétablir la dîme. Le paysan du midi a de l'esprit naturel, mais il croit facilement les choses les plus extraordinaires, surtout quand cela regarde ses intérêts : un grand nombre de ces paysans électeurs ne savent ni lire, ni écrire. Arrivé au collége électoral, il trouve son patron qui le conduit au bureau, écrit son bulletin et ce bon cultivateur s'en retourne fort étonné d'avoir exercé un acte de souveraineté qu'il ne comprend pas, qui lui laisse seulement l'espoir que son député lui fera diminuer ses impôts. Aussi il ne conçoit pas, quand il reçoit son bulletin d'impôts, pourquoi il y a une forte augmentation.

Pauvres moutons toujours on vous tondra.

(*Bérenger.*)

Avec le peu d'influence de la grande propriété, il ne faut pas être surpris si l'agriculture n'est pas représentée dans la chambre. Il en est de même pour les conseils municipaux, conseils d'arrondissement et conseils généraux, dont la majorité est entre les mains des classes industrielles.

Mais si on laisse se former l'éducation électorale des paysans et des électeurs, par l'effet des patentes et de l'impôt mobilier et par les prestations en nature, ils s'empareront de toutes les élections locales. Déjà, dans les conseils municipaux des campagnes, ils s'entendent pour ne choisir que des *bonnets*, tout au plus un *chapeau* pour leur expliquer les lois. Que le maire propose une dépense pour l'entretien des rues, à quoi bon répondent les *bonnets*, nous marchons fort bien dans la boue avec nos sabots; veut-il éclairer la ville? Nous nous couchons à la nuit, disent-ils. La loi ordonne la réparation des chemins vicinaux, il faut bien le faire, mais peu nous importe, nous n'allons pas en voiture : toutes ces dépenses ne sont bonnes que pour les riches. Que les *bonnets* arrivent aux conseils généraux, et vous verrez s'ils voteront des fonds pour l'ouverture et l'entretien des routes.

Un système électoral livré à l'intrigue des partis, le pouvoir électoral dans les mains de la petite propriété, exigent une sérieuse attention et la réforme de la loi électorale. Ne laissez pas le temps créer un *droit*. Le danger serait plus grand.

Qu'on veuille bien me permettre de présenter quelques idées sur la réforme électorale en rapport avec l'agriculture.

Le vice de la loi tient au chiffre peu élevé du cens dans une élection directe. Avec le mode d'élection que je propose on peut l'abaisser jusqu'à dix francs si l'on veut. Ce serait alors la majorité du peuple français qui jouirait du droit d'élection; mais ce serait sans danger de la démocratie.

PREMIER DEGRÉ D'ÉLECTION.

Dans toutes les communes rurales d'une population de......... il suffirait pour être électeur de payer dix francs d'imposition. Dans toutes les communes urbaines il faudra payer soixante francs d'impôt : il y aurait alors influence plus égale entre les villes et les campagnes.

Chaque commune élira le nombre des membres devant former le collége cantonal :

ce nombre sera fixé par le gouvernement, en combinant la population avec la contenance en hectares de la commune.

SECOND DEGRÉ D'ÉLECTION.

Les membres élus par les colléges communaux, qui doivent former le collége d'arrondissement, se réuniraient dans le chef-lieu d'arrondissement; ils éliraient les électeurs du grand collége du département, les choisiraient sur une liste des cent plus imposés de l'arrondissement : ici la propriété et l'industrie marchent de front.

TROISIÈME DEGRÉ.

Tous les électeurs choisis par les colléges cantonaux se réuniraient au chef-lieu du département, pour élire les députés dont le nombre sera désigné par la loi, eu égard au rapport de la population avec la contenance. Ces députés devraient être choisis pour les deux tiers parmi les deux cents plus imposés du département, ayant fait partie des colléges cantonaux; l'autre tiers serait pris dans une liste de notabilités ou capacités établie sur des fonctions publiques exercées honorablement; dix années de fonction de maire, des services militaires, etc.; mais ces notabilités ne pourraient être élues que si elles payent deux cents francs de cens, et âgées de....

Voilà quelques idées que des gens habiles peuvent rectifier : je prierai seulement d'observer qu'avec ces trois degrés, l'intrigue des partis serait plus difficile, l'influence de l'industrie sur les petits propriétaires serait sans effet et sans but, puisque tous les contribuables contribueraient à l'élection avec ces divers degrés : le principe conservateur de la propriété agirait sur toutes les classes et sur tous les intérêts.

Je dois donner des explications sur deux objets importants qui font partie essentielle de mon projet.

1° Le nombre de députés, non seulement en raison de la population, mais encore selon l'étendue du département, c'est un acte de justice à rendre au midi de la France.

En effet, les départemens du nord étant plus peuplés que ceux du midi, et le nombre de députés étant en raison de la population, il en résulte que, lorsque le midi réclame une diminution sur le vin, les eaux-de-vie, les huiles, ces réclamations si justes sont écartées par un ordre du jour permanant, par une majorité qui n'a aucun intérêt à ces diminutions. Au reste, l'industrie, après avoir profité de son influence politique dans la chambre sans s'inquiéter des intérêts de l'agriculture, ayant trop fabriqué, souffre d'un grand malaise, au milieu des richesses qu'elle a crées et qui ne trouvent plus de débouchés extérieur.

2° Le cens, pour voter dans les campagnes, est différent dans mon projet de celui des élections de ville. M. Duvergier a, je crois le premier, observé que le cens électoral, le même pour les villes et pour les campagnes, est ce qui prive la propriété d'agir sur les élections. Il cite qu'en Angleterre on a si bien compris l'inconvénient d'un cens électoral uniforme, quoique le sol soit peu morcellé, que le cens varie des villes aux campagnes; il est plus élevé dans les villes et s'abaisse dans les bourgs : dans les villes en effet se trouve l'opulence et la médiocrité dans les campagnes.

La Belgique, dans la même position que nous, a reconnu, nous dit encore M. Duvergier, qu'un cens électoral uniforme créait, sous l'apparence de l'égalité, l'inégalité la plus choquante entre les diverses classes de contribuables, et ils se sont décidés à fixer un cens électoral différent dans les villes et dans les campagnes.

On voudra bien observer qu'en adoptant ce système, l'influence des patentes ne se fera pas autant sentir que dans le système actuel ; les patentes sont une propriété fictive, la terre une propriété réelle. Un patenté peut abandonner sa profession, il ne laisse pas de successeur, l'état y perd ; le propriétaire vend son bien, peu importe pour le gouvernement, l'acquéreur a pris sa place ; il n'y a donc que la propriété foncière vraiment intéressée à la stabilité de l'état : le reste est un agent actif avec lequel on peut bouleverser les empires.

Encore une dernière observation pour faire sentir l'importance de s'occuper de ce grand intérêt.

Il y a, dans ce moment, de deux à trois cent mille électeurs, avec une population de trente-trois millions.

En 1880, par l'effet du morcellement, nous n'aurons plus que cent cinquante à deux cent mille électeurs, avec une population de cinquante millions d'individus ; vous serez obligé de changer alors la loi électorale : dans ce cas, ne vaudrait-il pas mieux ouvrir, d'hors et déjà, une voie plus large aux prétentions des classes inférieures ? C'est aux ministres responsables de la prospérité de la France, qu'il appartient de méditer sur ces grandes questions; mais en ont-ils le temps ? A peine ont-ils organisé le service des bureaux et de la table qu'ils donnent leur démission,

Et semprè bené.

Cependant les empires ne prospèrent qu'avec la stabilité des institutions et des personnes.

RÉSUMÉ.

Fixer le système d'agriculture qui convient le mieux à chaque région de la France, en établissant des fermes expérimentales dans les diverses parties du royaume.

Établir des chambres d'agriculture par division militaire.

Encourager la formation de nouvelles prairies.

Cultiver moins d'hectares en blé pour obtenir plus de produit.

Créer des banques agricoles par division militaire.

Diminuer l'impôt foncier, afin de trouver chez les propriétaires des ressources pour la guerre.

Faire produire au sol toutes les matières premières nécessaires à nos fabriques.

Demander à l'Algérie les denrées coloniales dont nous avons besoin.

Coloniser l'Algérie en s'étendant peu-à-peu.

Se bien persuader que c'est en Afrique que nous devons trouver un dédommagement à la perte de Saint-Domingue et de la Louisiane.

Se convaincre qu'une guerre maritime est bien plus à redouter pour l'Angleterre que pour la France.

Enfin, en comptant sur cette providence qui a toujours protégé la France. Entrevoir, dans un avenir plein d'espérance, la suprématie de la France bien établie, et qu'il ne sera pas permis de tirer un seul coup de canon sur la méditerranée sans la permission de la France.

P. S. Une nouvelle application de la vapeur aux vaisseaux va faciliter le système de guerre maritime que j'ai indiqué; c'est à M. Jouffroy, fils du véritable inventeur de l'application de la vapeur à la navigation que nous le devons. L'essai a été fait sur un navire de dix mètres huit cents millimètres de longueur, ayant besoin pour naviguer de la force de soixante-dix-sept chevaux-vapeur. Ce navire, avec le nouveau système, a remonté facilement la Seine avec une force de quinze chevaux et sa vitesse a été reconnue de dix à onze kilomètres; elle pourra être portée facilement à seize.

L'appareil de M. Jouffroy ne produit pas à la surface plus d'agitation et de remords qu'un cygne et agit dans le sens des oiseaux palmipèdes.

TABLE DES MATIÈRES.

ERRATA.

A la note de la page 35, *au lieu de* manquent rarement, *lisez* : mangent rarement.

Page 41, ligne 6, *au lieu de* mille cinq cent cinquante hectares, *lisez* : quinze mille cinq cent cinquante.

Page 52, ligne 1, *au lieu de* Ces consommations augmentant, etc. ; *lisez* : Ces consommations augmentant, les fabricans, le trésor et les octrois des villes y gagneront, et on évitera d'avoir recours aux centimes additionnels si en vogue à présent.

Page 57, ligne 23, *au lieu de* les sept mille bœufs, *lisez* : Le nombre de bœufs ou vaches, etc.